スーパーグリーン
ニューディール
政策概論

文田文人
FUMITA FUMIHITO

幻冬舎 MC

スーパーグリーンニューディール政策概論

はじめに

はじめまして。私は文田文人といいます。私がどのような経緯でスーパーグリーンニューディール政策論を発案し、本書を出版するに至ったのかという説明をします。

その前に、グリーンニューディール（Green New Deal）という言葉自体、聞いたことはあるけれどよく分からないという方が多いと思いますが、簡単に説明させていただくと、グリーンニューディールとは環境問題の解決をめざし、新たな雇用を生みだし、経済成長をうながすための経済刺激策です。今回私が発案させていただくものは、この言葉にスーパーをつけた名称となっています。なぜスーパーという言葉がついたかというと、より有効的な政策と感じているからです。

この本を作るきっかけになったのが、今から一年以上前にＹｏｕＴｕｂｅで大手ハウスメーカーの家の建設用パーツ生産工場の画像を見た時の「ユニット工法での家造りは、自動車造りと工程が同じである」という言葉でした。この言葉からヒントを得て、いろいろとＹｏｕＴｕｂｅを見ながらさらなるヒントを探し出す毎日でした。

はじめは、シンプルにスーパーグリーンニューディール政策論として出す予定でしたが、この本の担当者から「基本的に硬い本は読まれにくい。読者の目に留まらない」という課題が出てしまい、大いに焦りました。「高い金を出して本を出すのに売れなかったら元も子もない」と私は思いました。そのとき、たまたまＹｏｕＴｕｂｅの画面が切り替わり、株取引のニュース画面になっていました。株のニュースを聞いても意味がない、と別のＹｏｕＴｕｂｅチャンネルに切り替えようとした時に私はひらめきました。株式市場も経済政策に必要だということをです。

２０２３年の年度末には国債の発行残高は１０６８兆円になる見通しだと発表されています（日本放送協会ホームページ令和5年度予算より）。そして、２０２１年度9月末時点の国民全体の個人金融資産残高が約１９９２兆円となっています。これには、タンスで眠っている資産も含まれています。タンスで眠っている資産を株式投資に替えて、株式投資を受けた企業が設備投資や人員の雇用を増やしていけば、雇用問題や赤字国債問題の解決につながります。赤字国債が段階的に少なくなっていけば、消費税の制度も段階的に廃案につながります。消費税の制度がなくなれば、インボイス制度も廃案につながります。

この本の読者には、スーパーグリーンニューディール政策の経済政策を理解してもらい、近い将来どの株が値上がりするかを考えてから投資を進めたり、日本政府が優先して推し進める業種に投資したりしてもらいたいと思います。ただし、空港関係や航空産業の分野で株を持っている読者の方々は、今すぐ売りに出してください。紙切れになる可能性が高いためです。

理由については「航空会社統廃合政策と脱ＧｏＴｏトラベル政策、脱ＩＲ統合リゾート政策」のページを参考にしてください。この本が世界的に普及すれば、世界の経済政策も大きく変わると私は思います。

この本で一番大切なことは、航空会社の統廃合政策と原発政策です。「いつまでもトイレのないマンション状態」から抜け出す必要があります。トイレが設置できないのなら「仮のトイレ」を建設すればよい訳です。つまり「仮の脱原発」状態にすることです。詳しいことは「国防式脱原発への道」のページに載っています。

次に、移民政策です。これは人道上のことでもあるのですが、日本の総人口の引き上げが目的です。総人口が増えることにより、将来の生産能力が大きく向上します。２０２３年度末には約１０６８兆円にもなる赤字国債による、一人当たりの負担が段階的に減ります。

そうなれば、１００兆円から２００兆円規模の予算を特別予算として計上し、脱原発用の容器収納施設を福井県に集中して建設することができます。そうなれば、建設産業を中心に雇用の創出にもつながりますが、ウイルス兵器のウイルス対策は行わなければなりません。

ウイルス兵器のウイルス対策としてＰＣＲ検査を強化しても意味がなく、完全に海外から人の流入をストップするしか対応策がありません。そのため「航空会社統廃合政策と脱ＧｏＴｏトラベル政策、脱ＩＲ統合リゾート政策」で出る大量のリストラ者に対応する政策として、15個のニューディール政策、スーパーグリーンニューディール政策があります。航空会社統廃合政策を行うことにより、国内に海外からのウイルスが流入するのを防ぐことができます。

今後、「仮の脱原発」を２０３５年度までに終えるのが理想です。航空会社統廃合政策は２０５０年代以降も継続する必要があります。理由は、ロシアや中国の北朝鮮化です。経済的なダメージを与え続けても、北朝鮮化すれば、支配者のダメージが少なくなるため、長期戦で挑まなければなりません。ロシアや中国のトップが交代したとしても同じです。

もくじ

日本の危機について

日本では総人口の減少と出産率の減少、高齢者増加の少子高齢化が現在進行形であるため、まったくといっていいほどよいところがありません。しかも隣国にはロシアや中国・北朝鮮があり、3カ国とも核の保有国です。いつ日本有事が起きるかわからない状況であり、今日のウクライナの状況は明日の日本の状況かもしれません。日本政府も少子高齢化対策で、児童手当のような給付金を支給することは政策的に行っています。しかしあまり効果がなく、少子高齢化社会に向かっています（総務省のホームページによると、2045年には65歳人口の割合は首都圏で30%、地方では40%を超えると予想されている）。

日本政府も最近日本の人口減少がかなりヤバいと気付き始め、少しずつ移民の方々を受け入れていますが、国内からの反発の声が多数あります。理由は簡単です。日本人の仕事を薄給の外国人実習生に回せば、経営者側は人件費を安く抑えることができるため、日本人の雇用が増えず就職難民が激増していくからです。そのため就職難民の日本人は「自分達に仕事がないのは外国人実習生のせいだ」と思いがちになっています。

さらに最近では、2020年1月27日に中国湖北省武漢より発したコロナウイルスにより、世界規模で閉鎖した経済状況になりました。その中で、経済状況が悪化している日本に追い打ちをかけるように、さらに日本経済が悪化してしまい、飲食業が信じられないくらいに倒産していきました。失業者や、経営に失敗し多額の借金を背負った人々も多数出てしまいました。今現在でもマスクを着用して外出しています。その当時は時短や外出制限などがあり、かなり不便でした。飲食店に19時以降入れなかったりと、夜型の私にとってはかなり不便でした。最近は解除され少しは便利になりましたが、私の家の近くでも飲食店が何軒も潰れていて不安を感じています。そして少し前までは、コロナウイルスの変異株であるオミクロン株が蔓延していました。このオミクロン株のウイルスはそれまでのコロナウイルスよりもかなり強力なウイルスでした。コロナウイルスの感染者は、日本では3332万438人、アメリカでは1億3880万2702人、全世界では6億7657万149人となります。死亡者は、日本では7万2997人、アメリカでは112万3836人となります。全世界で688万1802人となります。まさに異次元の被害です（数値はアメリカのジョンズ・ホプキンス大学集計より。ジョンズ・ホプキンス大学は2020年1月より世界の感染状況をまとめ2023年3月10日午前8時すぎに最後のデータ更新を終了している）。但し、中国に関しては正確な数字がわからないため記載できません。

海外でコロナウイルスやオミクロン株に対応していたら経済が回らなくなるため、外出制限を外して通常通りの暮らしに戻す国も増えてきました。言葉が悪いかもしれませんが、死者が増えることへの憤りは当然あるにしても集団免疫を国民全員に持たせる政策を取る国々が、かなり増えています。アメリカもその一つです。経済が崩壊し兼ねないので、仕方ない政策だったかもしれませんが、コロナウイルスやオミクロン株などのウイルス類は防ぎようがないのでノーマスク化している国々も出てきている始末です。しかし、日本では人権問題となってしまうことなので、ノーマスク政策はできないし、してはいけない政策です。マスクをしてもウイルスを防ぐことはできませんが他者にウイルスをうつさないようにすることができるため、ノーマスク政策をせずに国家規模で感染拡大を防ぐようにしていかなければなりません。中国が日本以上にマスクの着用を義務化しているのも、ウイルス兵器の危険性を知っているからです。日本ではマスク着用の義務化は難しい問題となりますが、一人ひとりがマスクの着用を心掛けていただければと思いますし、実際多くの日本人は慎重に対処していると感じます。

次に、日本国自体が貧困化している中で、日本の経済を支えてきた自動車メーカーも、海外の自動車メーカーがＥＶ車を軸に反転攻勢してきているため、段階的に売れなくなっていきます。理由は、ＥＶ車はガソリン車の3分の1の数の部品で造ることができるため、ガソリン車主体の日本自動車メーカーは人員を半分以下にしないといけないからです。そうなれば雇用問題にも発展し、日本中が失業者だらけになる未来しか見えません。

しかし、対策はあります。スーパーグリーンニューディール政策です。ここからは、スーパーグリーンニューディール政策について、対談形式でわかりやすく解説していきます。

スーパーグリーンニューディール政策

Q．日本の危機を脱出できるというスーパーグリーンニューディール政策を、納得できる形で、わかりやすく説明してください。

A．スーパーグリーンニューディール政策は、複数のニューディール政策と補助政策を重ね合わせて行う政策です。

Q．どういうニューディール政策で、どのように行うのですか。

A．ウイルス兵器のウイルスを日本国内に入れさせないようにするために、脱ＧｏＴｏトラベルと脱ＩＲ統合リゾートの代替としてニューディール政策で行う政策と、段階的な脱原発と原発施設のミサイル防衛に対応した政策です。

Q．お花畑みたいな話ですね。ＧｏＴｏトラベル政策やＩＲ統合リゾート政策などは、それを行わないと日本経済の回復のめどが立たないくらい、今の日本経済は崩壊しかかっています。それに加えて段階的に脱原発政策も行うと、日本経済自体が破綻してしまいます。

Q. 今の日本に必要な政策は、コロナウイルス問題が鎮静化するまで政府が赤字国債を発行し、企業が倒産しないようにして労働者の雇用を守ることです。コロナウイルス問題が鎮静化したときに、航空産業によるインバウンド需要で、海外からの旅客を大量に入れて経済活性化することが必要不可欠となります。そして観光経済の推進政策として、ＧｏＴｏトラベル政策やＩＲ統合リゾート政策は必須となります。

A. それは違います。コロナウイルス問題は鎮静化しません。理由は、ウイルス兵器のウイルスであるため、言葉は最悪ですが、コロナウイルスとは比べものにならないくらいのウイルスが日本を始め、全世界に上陸してしまうからです。そうなれば重病者や死亡者の数が数千万人規模になる危険が高くなるため、航空会社の統廃合政策を急いで行い、人口の多い空港での旅客対応を１００パーセント止めます。人口の多い東京の羽田空港と成田空港は、完全な荷物空港化します。そして人口の少ない和歌山県の白浜空港だけ、国際線に対応しなければなりません。

Q. 内容が支離滅裂です。スーパーグリーンニューディール政策についてもう少し詳しく説明してください。

A. スーパーグリーンニューディール政策は15個のニューディール政策と10個の補助政策から成り立っています。15個のニューディール政策は次の通りです。

1. パーキングエリアニューディール政策（改良型ＲＶパーク）
2. トイレ付エコカーニューディール政策（個室付非常用トイレ設置に対応したエコカー）
3. トイレ付スーパーエコカーニューディール政策（個室付非常用トイレ設置に対応したエコカー）
4. ダンプステーションニューディール政策（排尿便処理場）
5. 段階的な一般商業施設へのＥＶスタンドニューディール政策
6. 自動車整備士と自動車修理工場ニューディール政策

7. 自動車学校ニューディール政策
8. 賃貸マンション推進ニューディール政策と賃貸マンション空室法
9. プレハブ・ユニット工法ニューディール政策
10. 解体産業ニューディール政策
11. 温度差ゼロ発電装置と磁力系発電装置ニューディール政策
12. セーフティーネットニューディール政策（刑務作業工場ニューディール政策）
13. 旅館・ホテル救援ニューディール政策（脱ＧｏＴｏトラベル政策）
14. 国防式石炭発電所ニューディール政策
15. 賃貸マンション用ＥＶスタンドニューディール政策

A. 次に10個の補助政策については次の通りです。
1. 赤字国債発行型モラトリアム法案
2. 中古車販売産業救済政策

3. 日本全国で決められている建物建設基準の建ぺい率や建物の高さ制限の廃止
4. ローカル鉄道推進政策
5. 保育士・産婦人科医・言語教師ニューディール政策
6. 航空会社統廃合政策と脱ＧｏＴｏトラベル政策、脱ＩＲ統合リゾート政策
7. 国防式脱原発への道
8. グリーンニューディール政策の廃案化
9. 段階的な垂直農業推進政策
10. 世界規模の移民受け入れ政策

株式投資などで、個人収入を大幅に引き上げるための簡単な説明

Q. タイトルどおりに、個人収入を大幅に引き上げることは本当に可能なのでしょうか。それとも嘘なのですか。

A. 個人にもよりますが、本の内容をどう理解するかによります。

A. 新型の経済政策を知りたい方にとっては、最新鋭の経済政策を理解し、誤った主張を見破る知恵を見つけるのにも役立つ本です。

A. この本を読んだ何%かの人々が、株券やＮＩＳＡでの投資を始めようとして実行した場合に、銀行や証券会社の資金力が増えます。

A. そのため日本政府も、赤字国債の発行で得た予算を原付や二輪車、航空産業以外に予算を回すことができます。

A. 自動車メーカーや二輪車メーカーの人員を、大手ハウスメーカーに段階的に移動させ

るための費用として活用し、自動車メーカーのスリム化を推進させます。二輪車メーカーは段階的な超高価格化を推し進めます。

Q. 二輪車の超高価格化を、なぜ推し進めるのですか。

A. 交通事故の大半は、原付や二輪車だからです。販売台数は自動車の10分の1くらいしかないのに、自動車交通事故件数に近い事故数が発生しています。

2021年度の自動車と二輪車の国内販売台数

自動車444万8340台

(出所:日本自動車販売協会連合会、全国軽自動車協会連合会)

二輪車41万5892台

(出所:ベストカーweb)

2021年　交通事故による死者数

自動車乗車中 860人(32・6%)

二輪車乗車中 463人(17・6%)

（出所：『令和3年における交通事故の発生状況等について』令和4年3月3日警察庁交通局。括弧内は全死亡者数に占める構成率）

2021年　交通事故による重傷者数

自動車乗車中　6717人（24・7％）

二輪車乗車中　6969人（25・6％）

（出所：『令和3年における交通事故の発生状況等について』令和4年3月3日警察庁交通局。括弧内は全重傷者数に占める構成率）

2022年　二輪車の交通人身事故発生件数

5996件（死者数はそのうち40人）

（出所：警視庁ＨＰ）

いかに二輪車での事故件数が多いのかが、うかがえます。原付や二輪車に対しては今までの10倍くらいの課税を行い、販売台数も10分の1以下にしていく必要があります。

Ａ．次に、自動車タイヤ交換所と自動車修理工場の改修費に国の予算を回すようにします。

Q．そこは関係ないじゃないですか。無意味に感じます。

A．意味はあります。自動車の整備工場の数は9万1711社です（出所：日本自動車整備振興会連合会「令和3年度　自動車特定整備業実態調査の概要について」令和4年1月24日）。自動車の整備会社の数は7万2370社です（出所：日本自動車整備振興会連合会「令和3年度　自動車特定整備業実態調査の概要について」内「自動車整備業の概要」）。

A．トイレ付エコカー、つまり非常用トイレ用個室の付いた軽キャンピングカーの大きさに対応させていくために必要な政策です。

A．トイレ付エコカーの中には少数派ながら、水洗式トイレ付エコカーを持つ人も増えてくるため、ダンプステーションの増設も必要になります。

A．それに加えて、トイレのない自動車の解体工場の建設と人材確保の費用も必要となるため、予算を回していく必要があります。

A．一軒家建設を禁止する政策で、建設産業の新しい仕事として、賃貸マンションやテナント用ビル、温度差ゼロ発電装置や磁力系発電装置用の立体式建物の建設用の予算も必要です。

A．プレハブ・ユニット工法の賃貸マンション建設が増えると、部品生産の一部の工程を刑務作業の仕事に回せます。その仕事を刑務作業工場ニューディール政策に応用することで、ホームレスの減少化につながります。

A．コンビニエンスストアのパーキングエリア化用の予算も必要です。有料のＲＶパークは避けられがちですが、無料の一般道路用のパーキングエリアは非常時、役に立ちます。メインの一般道路側のパーキングエリアでは、大型トラックや大型バスに対応させます。理由は、トラックステーションが日本全国で23カ所しかないためです。

A．脱航空経済、脱ＧｏＴｏトラベル、脱ＩＲリゾート政策の代替政策として、建設業者が遠出するケースが多くなるため、近くの潰れかけの旅館やホテルを利用させ、補助金を出すことにより、ＧｏＴｏトラベルみたいに大手旅館だけが儲かるのを防ぎます。

A．ここで必要となってくる政策が、海外株券購入金額の税率を2倍から3倍にし、国内投資に集中させる、自国産業を強化する保護主義政策となります。NISAも同様とします。

A．この政策は、この本を読んだ各国の人々が、段階的に自国の雇用拡大に努めていく、銀行や投資会社の自国第一主義化を進めていくための政策です。

A．この本が普及することにより、日本の眠っている資産が段階的に、企業の設備投資の資本となっていくため、雇用の増大につながり、企業収入も増大し、投資した本人も儲かります。さらにスーパーグリーンニューディール政策は、長期的に移民受け入れ政策と雇用拡大政策を同時に行っているため、長期にわたり株価が上昇します。ただし、株価が下落しても個人の責任となります。

A．株の空売りは絶対しないでください。株の空売りは産業の疲弊化につながり、個人としてもリスクが高いので、絶対にしないでください。株や株の空売りで大損しても、私のほうでは一切の責任は持ちません、と書かせていただきたいほど危険だと思います。

赤字国債発行型のモラトリアム法案について

Q．赤字国債発行型モラトリアム法案で、企業や個人の支払いローンの再延長法案についてです。赤字国債発行型モラトリアム法案で、企業や個人の支払いローンの延長分の利息を一度だけ国の赤字国債で賄った場合、日本全体で行うと一時的には支払額が減ります。しかし、元本の借入金はそのままで赤字国債の負債額が大きくなってしまいます。スーパーグリーンニューディール政策で対策するとしていますが、どのようにして対策を取るのですか。

そして航空産業の統廃合政策を打ち出している日本での政策において、航空産業及び空港関係の会社も赤字国債発行型モラトリアム法案の対象となるのでしょうか。

A．企業や個人の再生だけでは今の日本経済の経済再生は不可能ですが、支払いローンを一度返済した形を取ります。その後、再度お金を借りることでローンが発生します。

この長期ローンで元来の利息分を超える金額を国の赤字国債で賄います。倒産を遅らせるための政策となります。ただし航空会社や空港関係の会社は、別の対応となります。後で説明しますが、国による計画倒産を行い対応します。

パーキングエリアニューディール政策

Q．パーキングエリアニューディール政策とは一体どんな政策ですか。

A．一般的にパーキングエリアは高速道路側の休憩所で、コンビニを含め店舗が複数あります。中にはガソリンスタンドやＥＶスタンドがあるところもあります。

A．高速道路の中にある休憩所、パーキングエリアを一般道路側にも建設することを推進していく政策が、パーキングエリアニューディール政策となります。

Q．一般道路側に、高速道路と同じようにパーキングエリアみたいな休憩所を作っていくのですか。

Q．建設費はどうするのですか。その後の運用方法はどうするのですか。高速道路は高速代の資本で運用できますが、一般道路では不可能じゃないですか。

A．場所は地方に限定されますが、一般道路側にパーキングエリアを作ることは可能です。

A. 方法について、地方の市町村のコンビニが広い土地を持っている場合は、土地面積にもよりますが、コンビニのパーキングエリア化は可能です。ただし、県内の2カ所から3カ所と、最初は場所が限定されてしまうかもしれません。

A. 理由は、運営費や人件費などのコストがかかってくるためです。コンビニオーナーに対して、行政がコンビニのパーキングエリア化に対して運用資金を出せる範囲が限定されますが、ないよりはマシです。

A. 特に、長距離のトラックドライバーにとっては必要不可欠な場所だからです。理由は日本全国にトラックステーションがたったの23カ所（出所：公益社団法人全日本トラック協会HP）しかないため、急いでトラックステーションを増やしていく必要があります。

A. 日本全国の23カ所のトラックステーションのある都道府県について。

東日本の11カ所

札幌、苫小牧、仙台、白河の関、茨城、矢板、大宮、東神、新潟、金沢、浜松

西日本の12カ所

名古屋、亀山、彦根、大阪、奈良、岡山、尾道、三次、北九州、鳥栖、諫早、大分

Q. 長距離のトラックドライバーの休憩所が必要なのは分かりましたが、何もコンビニの一部をパーキングエリア化しなくても。それよりも、大手スーパーや大手ドラッグストアに大規模な土地を持ってもらい、一般道路側をパーキングエリア化した方が規模も大きく便利になります。

A. 確かにその通りです。しかし、飽和状態のコンビニオーナーの経営は深刻です。2019年度のコンビニエンスストア経営業者の倒産件数は41件（出所：株式会社帝国データバンク「コンビニエンスストア経営業者の倒産動向調査」2020年3月6日発表）になります。そのため、一般道路のパーキングエリア化の候補の産業に、コンビニを選びました。ただし土地面積を広く持っているコンビニに限定します。

A. 大型トラックや大型バスが駐車できるコンビニは少数派であるため、現時点では、コンビニの土地面積を急拡大することは100パーセント不可能です。そのため、現在土地面積を広く持つ少数派のコンビニだけ（規模に応じてパーキングエリア化できる

コンビニだけ）パーキングエリア化を進めます。

コンビニの一般的な土地面積は、約50坪から60坪と言われています（約165平方メートルから約200平方メートル）。

Q．地方のコンビニで、土地面積の少ないコンビニはどうするのですか。

A．対象外として切り捨て、大型トラックが駐車できるコンビニだけ地方行政からの補助金対象コンビニとし、補助金により経営の健全化を図ります。

A．コンビニ本部と地方行政がパーキングエリア型のコンビニを地方に作って、段階的に広めていく方法です。しかしこの方法だと、経営難のコンビニオーナーを救うことにはつながりません。

A．コンビニの経営難に対応するには、民事再生法の一部を利用します。経営難のコンビニで土地面積も少ないコンビニから、段階的に計画倒産させます。

A．計画倒産したコンビニオーナーは、新コンビニのオーナーになります。新コンビニは、大型トラックが駐車可能なスペースが確保されています。こういったパーキングエリア化したコンビニを増やすと、国や地方行政の赤字幅が増えてしまいます。そのため地方行政が少しずつ旧コンビニから新コンビニに替えていくことにより、コンビニオーナーは国や地方行政から補助金を受け取ることができるため、経営難に苦しまなくて済みます。

A. 段階的にコンビニのパーキングエリア化を推し進めることにより、大型トラックの事故の確率が減少します。一般自動車での事故の確率も減少します。トイレ付エコカーが普及すれば、さらに交通事故の確率が減ります。

A. コンビニの計画倒産についてですが、新コンビニになって1年後から、残った負債の返済を必要とします。そうしないと、地方のコンビニのパーキングエリア化が進みにくいためです。返済は必要となりますが、パーキングエリア化に伴う補助金で賄えると思います。

A. 全てのコンビニをパーキングエリア化させる必要はなく、経営が順調なコンビニは現状維持で対応します。地方行政の負担を減らすためです。

A.大手スーパーや大手ドラッグストアのパーキングエリア化は、コンビニの雇用問題が解決してから考えてみてもよいかもしれません。

A.コンビニのパーキングエリア化で発生する、地方行政がコンビニオーナーに対して毎月支払う補助金の金額については、清掃費用や管理費などが加わるため現国会での審議となります。

A.コンビニをパーキングエリア化することにより、航空会社統廃合政策で空港に店舗を持っていた企業や、個人店経営者たちの受け皿にできる政策でもあります。

A.地方空港の店舗から地方コンビニのパーキングエリアの店舗への移居は、大変ですが、スムーズに進みます。

A.しかし、主都の都市部の空港の店舗から地方コンビニのパーキングエリアの店舗への移居は大変で、スムーズには行きません。

A.理由は、都市部から地方に行くと交通費と移動時間がかかってしまうためです。都市空港店舗で勤務していた人にとっては、大変な状況となってしまいます。

そのため都市空港店舗で勤務していた人に対しては、地方コンビニのパーキングエリアの店舗に勤務する場合、住居の移動費用を支払う必要があります。その中には店舗経営を辞めてしまう人もいるため、再就職先の斡旋も必要となってきます。

Q．パーキングエリアニューディール政策とRVパークの違いは何ですか。

A．RVパークは、有料の駐車場で、主にキャンピングカーでの宿泊をメインに建設された施設です。銭湯や商業施設があり、中にはダンプステーションに対応したRVパークもあります。

A．一般道路側のコンビニが運営するパーキングエリアの駐車場は無料であるため、最初の頃は混雑する可能性が高くなりますが、パーキングエリアの数が増えていくにつれて混雑の可能性も少なくなってきます。

A．日本RVパーク協会とコンビニ本部が、共同運用方式でRVパーク内にコンビニを入れるというアイディアもあります。ただし有料となるため、施設の充実化の問題もあります。大型トラックの休憩所に対応している場合は、補助金の対象としてもよいかもしれません。

A. 都市部は土地の価格が高いです。そのため、どうしても建設する場合は有料のRVパークとなりますが、大型トラックにも対応していると都市部での交通事故確率も減少します。

A. 将来的にトイレ付エコカーが普及していくことにより、一般道路側のコンビニのパーキングエリアの駐車場でトイレを済ませることができるようになるため、交通事故の確率が現在よりも大きく減ります。

A. コンビニのパーキングエリア化やRVパークが増えていくことにより、国内の観光地や温泉街での交通事故率の減少や、大型トラック運送ドライバーの交通事故率の減少につながります。

A. ただし、二輪車の交通事故の減少にはつながらないため、注意が必要です。

A. コンビニのパーキングエリアでも規模が小さい場合、トイレがない場合もあるため注意してください。地方行政からコンビニオーナーに対しての補助金がない店舗の場合もあるためです。

Q. コンビニのパーキングエリアやＲＶパークで、水素スタンドやＥＶスタンドを設置すると、地方都市や地方の市町村での水素スタンド不足やＥＶスタンド不足の解決につながりますか。

A. 水素自動車は20年ほど前からその名前を聞くようになった自動車で、インフラも整っていません。コンビニのパーキングエリアで扱えるくらい安全なのかについては不明な点があるため、日本政府や行政の判断となります。

A. ＥＶスタンドについては、コンビニのパーキングエリアやＲＶパークへの建設時に段階的に配備していけば、ＥＶスタンド不足は段階的に解決していきます。

A. コンビニのパーキングエリア化は、地方の市町村や地方都市から推し進めていくためです。ＥＶスタンドの普及は必要であるためです。

A. 理由は、地方の地方都市郊外からＥＶスタンドや水素スタンドを普及させていくことにより、ＥＶ車や水素車の普及も地方から進んでいくためです。特にＥＶ車を保有している人からすれば、今まで地方にはＥＶスタンドが少ないため遠出を避けていた人も、段階的に地方に出かけられる自由度が増えます。そして水素スタンドも段階的に地方から普及させていくため、ＥＶ車同様に水素車普及にもよい影響が出ます。

Q. 本社のドミナント戦略により同じ場所に同じコンビニが重なってしまい、同じ会社のコンビニ同士のパイの取り合いで、コンビニオーナーの資本力がなくなります。赤字運営のコンビニオーナーを救う方法はありますか。

A. コンビニ本店によるドミナント戦略は、強豪のコンビニつぶし戦略であるため、自由経済社会において法律に触れていません。しかし人命を無視してでも体裁だけを整えようとするコンビニは間違っています。

A. 都市部でのコンビニ本店によるドミナント戦略に規制をかけるのは難しいかもしれませんが、地方都市や地方の市町村には、ドミナント戦略の規制をかけることができるかもしれません。

A.各コンビニ本店に対して。地方行政がドミナント戦略を行っている店舗に対して、最初に設置されていた店舗以外の店舗に、閉店補助金をコンビニ店舗オーナーに渡します。1店目以外の店舗を閉鎖させます。その後、コンビニ本店に対して、都市行政または地方行政から罰金を支払う戦略がありますが、これは地方都市や地方の市町村の場合となります。都市部でのドミナント戦略に規制をかけることは不可能です。理由は、人口が多く競争が激しいためです。

A.対策の2つ目が、地方都市で同じエリアに、同じコンビニが何軒かあり、お互い潰し合いをしており建設された期間も同じ場合。地方行政としては、一つだけコンビニを残し、それ以外のコンビニに閉店補助金をコンビニオーナーに渡しても断られた場合は、別の場所に移動してもらうしかありません。しかし必ずしもその場所で利益を上げられる保証がないため、問題となってしまいます。

A.そこで、パーキングエリアで複数の店舗を持つコンビニオーナーの道か、RVパーク内のコンビニオーナーの道を用意します。この場合だと、RVパーク内のコンビニオーナーの道が堅実になります。

A. しかし、RVパークやパーキングエリア付コンビニを急に増やすことは100パーセント不可能です。段階的にドミナント戦略で同じコンビニ同士の潰し合いをやめさせて、一つのコンビニ以外は、土地の広いパーキングエリア付のコンビニのオーナー化か、RVパーク内のコンビニオーナー化を推し進める必要があります。

A. コンビニ店舗を閉店しRVパーク内のコンビニ店舗に移転しても、前店舗の建設ローンが残っている場合があるでしょう。そのような場合は民事再生法の一部を利用し、ローンの支払い期間を大きく延長させる方法で、延長した分の金利を国や行政負担とします。

A. コンビニのパーキングエリア化政策で、同じ一般道路側のパーキングエリア内に競合他社コンビニを配置し、パーキングエリア内やRVパーク内で競争させるのも、よい案の一つです。

A. 地方都市や地方の市町村で、同じコンビニが乱立するドミナント戦略状態はよくないですが、競合他社の店舗が1店ずつ乱立するのは、競争原理においてよい循環を生みます。その中で廃業するコンビニも出ますが、それは仕方のないことです。

A. コンビニのパーキングエリア化の理想像は、一般道路側の両サイドに、別々の会社のコンビニのパーキングエリアがある状態です。自動車が休憩するためにUターンする必要がなくなるため、自動車の運転手が休憩後、道を間違える不安が少なくなります。

A. コンビニのパーキングエリア内の店舗やRVパークの店舗も、段階的に増やしていく必要があります。

A. 現在のファミレスや飲食業はコロナウイルスの影響で苦境に立たされています。物件のローン支払いの残っている店が大半で、期限内にローンを支払えず閉店する店も多くあります。

A. 物件ローンなどで苦しんでいる店の救援策が、コンビニのパーキングエリア内の店舗やRVパーク内の店舗への移転です。

A. 物件ローンの返済に苦しんでいるオーナーを救援するのも理由の一つですが、コンビニ運営を助ける目的もあります。人がいるところに人が集まる法則と同じです。最近言われている「コンパクトシティ」の構造と同じです。

Q. なぜコンビニエンスストアや大手スーパーマーケット、大手ドラッグストア以外の一般の商業施設にも、EVスタンドまたは水素スタンドを段階的に配備していく必要があるのですか。そしてどのようにして自動車用のエネルギー不足に対応していくのですか。

A. EVスタンドまたは水素スタンドを一般商業施設へ段階的に配備していくことは、自然な流れです。コンビニエンスストアなどに設置したパーキングエリア内にEVスタンドや水素スタンドを配備したとしても、全てのコンビニや大手スーパー、大手ドラッグストアへ行ってもらうには多少無理があり、全てをコンビニで商うのは不可能です。コンビニにも大小様々あるため、一般商業施設でもEVスタンドまた水素スタンドを配備している方が自然です。ただし、水素スタンドは危険物であるため、安全に管理しなければなりません。

トイレ付エコカーニューディール政策

Q．トイレ付エコカーニューディール政策とは、どんな政策ですか。

A．低所得者層の人々と中間層の人々を対象とした政策です。現在のエコカー制度から、個室付非常用トイレを設置できる自動車で、現在のエコカー制度に組み込んだ自動車のことをいいます。

Q．この自動車の意味合いだと「トイレ付エコカー」＝「トイレ用個室のついたキャンピングカー」を意味します。

A．その通りです。しかし通常タイプのキャンピングカーだと、最低でも５００万円から１０００万円以上してしまうため、今までのエコカー制度をやめて新しく導入できる政策とはなりません。

Q．それでは、どのようにしてトイレ付エコカーを普及させるのですか。

A．通常のキャンピングカーではなく、軽キャンピングカーに注目します。軽キャンピングカーとは、軽自動車をベースに仕立ててあるキャンピングカーのことです。軽キャンピングカーの相場は２００万円から４００万円くらいが相場です。いろいろ装備をつけると高額となってしまいますが、非常用トイレ用個室だけ作るのには、それほど費用はかからないはずです。そしてキャンピングカー自体、通常の一般車と比べて市場に出回っている数が圧倒的に少ないのも、特徴の一つです。

そのためトイレ付エコカーニューディール政策で、キャンピングカータイプの自動車に非常用トイレ用個室を持つ自動車に対して、50万円から１００万円以上の補助金制度を作ります。軽キャンピングカーの相場は２００万円から４００万円くらいであるため、補助金が50万円だとしたら、１５０万円から３５０万円くらいが相場となります。

Q．一般乗用車でも、１５０万円から３５０万円くらいの自動車に乗っている人は多いので、現行のエコカー制度をやめれば、非常用トイレ用個室の付いた軽キャンピングカーへの乗り換え需要が起きます。しかし、１００万円台の一般自動車に乗っている方々には、重税化により家計が苦しくなってしまいます。当然、トイレ付エコカーに買い替えも起きません。どのように対処しますか。

A．確かに、その通りです。100万円台の一般乗用車か、軽自動車に乗っている人にとっては、重税化政策でしかありません。しかし交通事故の軽減化政策から見ると、万が一のトラブルに対応できない人は自動車に乗るべきではないため、重税化して切り捨てた方が経済がよくなります。理由は、交通事故で人が亡くなる確率が減るためです。

Q．交通安全を強化する、トイレ付エコカーニューディール政策で、段階的にトイレの付いていない一般乗用車をなくしていく。この政策はよいのですが、自動車メーカーも急にトイレ付エコカーにシフトしていくのは不可能です、第一、100万円台の自動車で従業員を養っている自動車メーカーが大半です。その人々にとっては死活問題となってしまいます。

A．対策として、自動車関連で働く人々の人員数を、段階的に半減化していく政策で対応します。

【対策その1】プレハブ・ユニット工法ニューディール政策で、自動車メーカーの人員を政治の力で、大手ハウスメーカーの賃貸マンション用の部品生産工場の工員に配置転換政策を推し進めます。自動車メーカー及び自動車部品メーカーのスリム化を推し進めます。

A.【対策その2】自動車のエンジン部品を生産している工員の配置転換政策として、自動車用のエンジン解体工場や鉄道用エンジン解体工場などに配置転換を段階的に行っていき、自動車産業のスリム化を推し進めます。EV車または水素車のどちらかが主流派になってもよいようにできます。

A.【対策その3】世界各国がトイレ付エコカー政策を打ち出すことです。非常用トイレ用個室付自動車のエコカー減税を主体とし、燃費のよいエコだけの自動車は、エコカー減税ではなく少額課税対象車として対応します。

トイレ付エコカーでも、車高が1・9m以上ない自動車の減税率は、大きく引き下げる必要があります。理由は、怪我や破損リスクがあるためです。

この政策は主に、低所得者層の人々と中間層の人々を対象に行う政策です。

A．減税対象車、車高1・9m以上の車

1．個室トイレ付水素車

2．個室トイレ付EV車

3．個室トイレ付ハイブリッド車

4．個室トイレ付ガソリン車

A．少額減税対象車、車高1・9m以下の車

5．個室トイレ付水素車

6．個室トイレ付EV車

7．個室トイレ付ハイブリッド車

8．個室トイレ付ガソリン車

A．少額課税対象車

9．水素車

10．ＥＶ車

11．ハイブリッド車

12．ガソリン車

A．課税対象車

Q．しかし、トイレ付エコカーニューディール政策は、ＥＵ諸国が決めたカーボンニュートラル構想の規定に入っていないため、ＥＵ諸国に売っていく自動車は従来型のエコカーを販売していく道しかありません。

A．確かに、その通りです。しかし２０２２年２月24日にロシアがウクライナへ侵攻して以来、世界情勢が大きく変わりました。ＥＵ諸国はロシア産の天然ガスへの依存を減らし始め、ロシアと中国への依存度も減り始めています。そのための代償として、２０３５年度目標だったカーボンニュートラル構想が５年から10年遅れる見通しとなっています。各国とも自国を守るための保護主義を唱え始めています。

Q．トイレ付エコカーニューディール政策において、カーボンニュートラル構想はそれぞれの各国に、無理やり「エコ」だけを押し付けているだけの政策になるため、一刻も早く取りやめる方がよいと思うのですが、どうなのですか。

A. 確かに、早めに取りやめる方が、対ロシアや対中国対策を取りやすくなります。しかし、ＥＵ諸国やアメリカなどの有力な国々も署名をしている以上、アメリカが動かないと対応が取れません。

Q. 次にトラックが休憩できるトラックステーションの数が、日本全国で23カ所しかありません。どのように対応しますか。

A. パーキングエリアニューディール政策で対応し、段階的にトラックステーションの数を増やしていく必要があります。

Q. トイレ付エコカーの減税対象車が車高１・９ｍ以上になっているのは、なぜですか。

A. 日本での軽自動車の規格は、以下のように定められています。

全長３４００㎜以下

全幅１４８０㎜以下

全高2000㎜以下
排気量660cc以下
乗車定員4名以下
貨物車の場合は貨物積載量が350kg以下

A.キャンピングカーは「特種用途自動車」という自動車区分に分類されています。

A.次に乗員定員の3分の1以上の寝台を必要とし、寝るところを確保していることが条件となります。

A.そしてキャンピングカーには、料理できる施設が必須条件となるという話を耳にしました。

Q.キャンピングカーが一般道路を走る条件として、乗員定員の3分の1以上の寝台が必要だったり、料理ができる施設が必要だったりします。普通車の8ナンバーの軽キャンピングカーだと対応できますが、軽の8ナンバーの軽キャンピングカーだと、非常用トイレ用個室を持つことで、寝台の確保や料理できる施設の確保が困難となります。

どのように対処するのですか。

A．現行の法案でも対応できるのなら、そのまま非常用トイレ用個室を設置すればよいと思うのですが、万が一不可の場合は、法律の改正が必要となります。

A．世界規模での軽自動車の法改正

1．寝るところの確保の条件をなくす

2．料理できる施設が必須の条件をなくす

3．全高2000㎜以下から全高2500㎜へ改正する

などの法改正が必要となります。

Q．トイレ付エコカーニューディール政策で、非常用トイレ用個室のキャンピングカーが増えていくのはよいのですが、儲かるのはキャンピングカーを作っているメーカーだけです。現在の大手自動車メーカーは一般の乗用車タイプのエコカーしか製造していません。いきなりキャンピングカーに路線変更は難しいかもしれません。

A．確かに、その通りです。そのため大手自動車メーカーは、キャンピングカーを作って

いる中小会社を買収して、自動車産業の再編成を行うと思います。

Q. キャンピングカーの製造方式を組み込み、大量生産につなげるためですね。

A. その通りです。

トイレ付スーパーエコカーニューディール政策

Q. トイレ付スーパーエコカーニューディール政策は一体どんな政策ですか。そして、トイレ付エコカーニューディール政策と何が違いますか。

A. トイレ付スーパーエコカーニューディール政策は高所得者層を対象とした政策です。中間層の人々や低所得者層の人々に導入してしまうと家計崩壊させてしまうくらいの政策であるため、高所得者層に対してだけ行う政策となります。

Q. それはなぜですか。どういった内容ですか。

A. 高所得者層の人々に対して行うトイレ付スーパーエコカーニューディール政策は、1世帯に1台、普通車の8ナンバー軽キャンピングカーのトイレ付エコカーを所有させる半強制的な政策です。

Q. 高所得者層の人々のうち、トイレ付エコカーの普通車の8ナンバー軽キャンピングカーを1世帯1台持つ家庭に対して、エコカー減税に加えて自動車税や車検費用を免除し、トイレ付エコカー普通車型軽キャンピングカー以外の自動車に乗る高所得者層の人々や、自動車自体に乗らない高所得者層の人々に課税する政策ですね。

A．その通りです。確かに高所得者層の人々に対しての拝金主義的な政策となっていますが、これも交通安全強化政策につながります。

Q．どこがですか。ただの拝金主義的な政策にしか感じませんが。

A．理由は、高所得者層の人々の中には超高級スポーツカーや、高額なブランドカーを持つ人が多くいて、高級スポーツカーや高額なブランドカーに非常用のトイレは付いていないためです。

A．2021年度の、外国メーカーで一千万円以上する超高級車の日本国内での販売台数は2万7928台となっています（出所：日本自動車輸入組合）。

Q．その話を聞くと、百害あって一利なしの話ですね。しかし、全員が全員という訳ではないですね。

A.確かに全員というわけではありません。中には自動車自体を持っていない高所得者層の人々もいて、彼らにとっては迷惑な政策です。しかし交通安全強化政策には、富裕層である高所得者層の協力が必要となります。

Q.トイレ付エコカーの普通車の8ナンバー軽キャンピングカーは、500万円から1000万円以上しますが、高級車の2000万円から5000万円に比べたら、トイレ付エコカーの普通車の8ナンバー軽キャンピングカーの方がマシに感じます。

A.トイレ付エコカータイプのキャンピングカーを増やしていくことで、トイレのない自動車を段階的になくしていくことで、人身事故の確率が減っていきます。さらに、この制度は長期的に使える政策のため、買い控えも起きません。

Q.なぜトイレ付エコカー制度が長期的に使える政策で、買い控えが起きないのか説明してください。

A.トイレの付いているキャンピングカーの普及率は、トイレの付いていない自動車に比べると、圧倒的少数派であるためです。そして価格も高額です。キャンピングカー自体、大きいため小回りがきかないイメージもあり、圧倒的少数派です。しかし最近はトイレ付のキャンピングカーも少しずつ人気が出ています。理由は、急なトイレに対応できるためです。

A．さらに、大型トラックや大型バスにも非常用トイレ用個室を持つことを義務化できる法律の整備も、急ぐ必要があります。これについては、トイレ付スーパーエコカーニューディール政策で対応できる政策です。

Q．しかし、現行の大型トラックや大型バスに無理やり、個室トイレを設置することは100パーセント不可能です。

A．今すぐではなく、段階を踏んで大型トラックや大型バスに非常用トイレ用個室を設置できるように、全世界規模で法律の改正を行っていく必要があります。

A．それまでの間、地方都市の主要なコンビニエンスストアのパーキングエリア化などで、段階的な対応とします。

Q．高所得者層の人々といっても、支払いが容易ではない場合もあります。普通車の軽キャンピングカーのローンは600万円から1000万円以上します。5年間で払い切るのに家計が火の車になる危険があります。

A. いいえ、キャンピングカーのローンはトラックなどと同じく、ローン期間は15年となっています。キャンピングカーは特種用途自動車で、中古に出しても値崩れしにくいメリットもあります。

ただし、信販系ローン限定となります。その代わりにローンの金利は高くなります。そして銀行系ローンでは、最長でも10年または5年間となっています。その代わり金利は低いですが、銀行の審査は厳しいです。

A. サンプル政策として、中間層の人々に対し、トイレ付スーパーエコカーニューディール政策を行う場合について（高所得者層の人々みたいに、600万円から1000万円以上の軽キャンピングカーを半強制的に所有させる政策に近いのですが）200万円から400万円台の軽キャンピングカーを半強制的に所有させせます。

Q. 中間層の人々は、お金に余力がない世帯もあります。

A．確かにその通りです。そのため中間層の人々に対しては、家庭を持っていない単身者を対象とする政策です。

Q．その単身者の中にも、金銭的に苦しい人もいます。

A．そこまでは考えが及ばないため、サンプル政策としました。後は政府の判断となります。

やってはいけない経済政策、スーパーエコカーニューディール政策

Q．なぜ、スーパーエコカーニューディール政策をしてはいけないのですか。

A．理由はスーパーエコカーニューディール政策は、高所得者層に対して1世帯に1台のエコカーを所有することにより、自動車税や車検費用を免除する政策で、エコカー以外の自動車を持っている高所得者層や自動車自体を持っていない高所得者層の人々に対して、課税対象とする政策だからです。

Q．それのどこに問題があるのですか。

A．エコカーはエコカーでも、安価なエコカーもあれば、高価なエコカーまでいろいろあるため、想像以上に効果がありません。それどころか、交通事故の発生率も引き上げてしまう危険があります。

Q．経済をうまく回していくには仕方のないことではないですか。

A．ごく少数派の高所得者層の人々が安価なエコカーを1世帯1台持ったとしても、経済効果は低いためです。

Q．それなら中間層の人々も対象に加えれば、エコカーの販売台数が大きく伸びます。

A．交通事故の確率が大きく増大します。人の命を軽く見る政策です。それに大規模に移民の方々を受け入れた場合、不用意に自動車が多すぎると物流にも悪影響を与えてしまうため、導入してはいけない政策です。

Q．それならスーパーエコ二輪車ニューディール政策はどうですか。

A．さらに交通事故が多くなるため、不可となります。むしろ原付や二輪車は大規模な課税政策を取り、大きく二輪車の数を減らしていく必要があります。

Q．二輪車メーカーから苦情が来ます。

A．対策は、二輪車メーカーの従業員の配置転換政策で対応します。

Q．どのように配置転換するのですか。

A．ハウスメーカーの賃貸マンション用の部品生産の従業員に配置転換政策を取るため、段階的に原付や二輪車をなくしていけるようにする政策の方が経済的です。

Q. 仕事で使用する業種もあります。

A. 原付や二輪車は業務用のみの販売にするのが理想です。一般の人は原付や二輪車と無縁になるようにするのが、政治家の務めとなります。

Q. スポーツカーを作っている会社や原付二輪車を作っている会社が、倒産してもよいわけですね。

A. 受け皿政策があるため、そうなります。しかも大型トラックや大型バスでのトイレ設置化についても、全く対応していない政策です。

自動車修理工場ニューディール政策

Q. 自動車修理工場ニューディール政策とは、一体どんな政策ですか。

A. 車高の高い、トイレ付のエコカー、すなわち、トイレ付の軽キャンピングカー。その車高の高さに対応していない、自動車修理工場の改修工事を推し進める政策です。車高の高さを改修する自動車修理工場に対して、50％から90％の補助金を出す政策です。

Q. なぜそんな大金を、国や地方行政が支払ってまで行う必要があるのですか。

A. トイレ付エコカーに対応させていくためです。自動車修理工場がトイレ付エコカーに対応していないと、トイレ付エコカー普及の障害となるため、早めの対策が必要となります。

Q. それでは、都市行政や地方行政の財政赤字が大きくなります。公共の福祉の経費を削減しなければなりません。

A. その必要はありません。赤字国債で賄えば対応できます。

Q. 自動車用のタイヤ交換所や自動車修理工場の改修工事費を負担しても、将来的に回収できる見込みがありません。

Q. それに加えて、自動車の販売台数は下がるのに改修工事費の50%から90%を都市行政や地方行政が負担するのは誤りです。

A. 自動車用のタイヤ交換所や自動車修理工場の車高の高さアップのための改修工事の目的は、非常用トイレ用個室のついた軽キャンピングカーを普及させるために行う政策です。そのため多少の財政赤字を出してでも、対応しなければいけない政策だからです。

Q. 都市行政や地方行政が出した補助金は、どのようにして回収していくのですか。

A. 基本的には、市民から回収する税金となります。しかし非常用トイレ用個室のついた軽キャンピングカーが普及することにより、非常用トイレ用品を扱う会社などで雇用が増えていきます。そして段階的に移民の方々も年々増えてきます。そのため、10年から20年の長いスパンで見ると、現在の補助金の赤字額は大きくても、人口が大きく増大する10年後から20年後を考えれば、それほど大きな赤字額にはならないはずです。

中古車販売産業救済政策

Q．中古車販売産業救済政策は、なぜ必要なのですか。

A．トイレ付エコカーニューディール政策により一般乗用車を手放していく人々が増えてくることになります。そうなれば、一般乗用車の在庫を大量に抱え込んでしまう中古車販売メーカーは、破産してしまうのが目に見えています。

A．非常用トイレ用個室の付いた軽自動車の軽キャンピングカーに補助金政策が移行するため、一般乗用車のエコカーも課税対象車となり販売できなくなっていきます。そのため、中古自動車の在庫だけを抱え込んでしまうことになります。そうなれば、全国の中古車販売会社は全て資金がなくなり、早い段階で倒産が加速し、失業者が増えます。

A．そうなれば、トイレ付エコカーに買い替えようとしても、全国の中古車販売会社が倒産していて古い自動車を売ることができません。そのままスクラップ工場にお金を払って処分しなければならないため、買い替え需要が起こりにくくなり、トイレ付エコカーの普及が大きく遅れてしまう事態となります。

それを防ぐために、中古車販売産業の救済政策をとります。この政策は、補助金政策で対応します。例えば、90万円で買い取った中古車を処分する時、処分費用は別で発生します。そのため都市行政や地方行政の監視する人が、中古車の処分の現場を見て確認を行った上で、中古車代と処分費用を中古車販売メーカーに渡します。それでも偽装工作されてしまう場合もあるため、一律での処分方式とし、一律で補助金を出して対応するのも一つの手段です。

Q. 中古車販売産業を保護しても、少なくとも10年間は新車販売台数も右肩下がりとなるため、過剰に中古車販売会社が多いと市場バランスが崩れたりしませんか。

A. 確かにその通りですが、トイレ付エコカーニューディール政策は長期的な経済政策です。そのため、10年間の中古車販売産業救済政策を続けることにより、トイレ付の軽キャンピングカーが市場の主軸車となります。

新車で買った場合、信販系だと最長15年のローンが組めます。銀行系だと5年間か10年のローンになります。一般車のローンは最長でも5年から6年間くらいです。しかもすぐに値崩れを起こしていたため、中古車販売の足かせにもなっていたのでよい機会です。

自動車学校ニューディール政策

Q. 自動車学校ニューディール政策で、自動車教習所の訓練用の自動車をトイレ付エコカーに変更していく必要があるのですか。無理やりに変更しても、自動車学校が自動車の買い替え費用分損するだけで、メリットが見つかりません。アメリカの場合も同様で、旧式自動車をトイレ付エコカーに買い替えただけで自動車学校が損するだけです。トイレ付エコカー減税をしても、同じではないですか。
自動車学校の訓練用の自動車は普通車なので、トイレ付エコカーも普通車タイプのトイレ付エコカーになるのですか。

A. 自動車教習所の訓練用の自動車も、トイレ付エコカーに変更していく必要があります。
理由は、全世界規模でトイレ付エコカーが世界の標準基準になっていくのと同じように、自動車教習所の訓練用の自動車もトイレ付エコカーにすることにより、交通事故の確率を減らす目的があるためです。キャンピングカー並みの高さのあるトイレ付エコカーは、市販されているトイレ付エコカー、訓練用のトイレ付エコカーと、サイズ的にも類似しているため、交通事故の発生率を減らすことにつながります。

そして自動車教習所の訓練で一般道路走行時、訓練している仮免許の人と、仮免許の人を指導している教官のどちらかがトイレが近くなってしまった場合も、近くに駐車場があれば自動車を停めて、自動車内のトイレで尿便を済ませることができます。

さらに、自動車教習所の講習に新しく排便処理についての講習を加えると、交通事故率の低減にもつながります。

ダンプステーションニューディール政策

Q．なぜキャンピングカー用の排便処理場の大増設政策は「ニューディール政策」とつけるくらい大規模に行う必要があるのでしょうか。最近は水を使わない非常用トイレが出回っています。水洗式はコストも高額であるため、全てのトイレ付エコカーを非常用トイレだけにすれば、ダンプステーションニューディール政策は不要となります。ダンプステーションで使うはずの国家予算を他の国家予算に回す方が効率的です。例えば、サービス業などの支援策か、福祉用の予算などに回した方が効率的でよいと思います。ダンプステーションニューディール政策は不要です。

A．ダンプステーションは主に、キャンピングカーなどで出た尿便を処理する場所です。キャンピングカーで車中泊できるRVパークの施設内にダンプステーションがありますが、ダンプステーションのないRVパークも存在しています。理由は、キャンピングカー内に水洗式個室トイレ付の車は超少数派の乗り物であるため、国や地方行政が、ダンプステーションやＲＶパーク建設に本腰を入れて造る必要がなかったためです。日本全国にダンプステーションの数は少なく、水洗式個室トイレ付キャンピングカーの持ち主は、ダンプステーションのあるＲＶパークで、キャンピングカー内の尿便の処理を行います。ＲＶパークは有料の施設です。

しかし、スーパーグリーンニューディール政策の一つでもある、パーキングエリアニューディール政策とトイレ付エコカーニューディール政策を行うことにより、排便処理場の増加が必須となってきます。理由は、大半のトイレ付自動車は非常用のトイレで、水を使わないトイレだと思いますが、トイレ付自動車なら水洗式の方がよいという方々もごく少数ながらいると思います。それに加えて、ＲＶパークやダンプステーションの自体が超少数派のキャンピングカー対応の施設です。トイレ付エコカーニューディール政策を行うことにより、少数派ながら水洗式トイレ付自動車の数も、想像しているよりも増える可能性が高いため、ダンプステーションの数も増やして対応していかなければいけないためです。

Q. なぜ、ダンプステーションの数を増やしていく必要があるのですか。

A. 今までダンプステーションの建設候補地は、RVパーク内だけでした。しかしトイレ付エコカーニューディール政策が実行された後、ダンプステーションニューディール政策を行う場合、今までのようにRVパークにだけダンプステーションを建設するのでは、水洗式トイレから出る排便の処理場の数が大きく不足し、RVパーク自体が混雑してしまう危険があります。そのためRVパーク以外でも、ダンプステーションの建設が急務となります。地方行政はあらかじめダンプステーションとなる候補地を決め、できるだけ車が混雑しない場所を候補地とします。主に経済が発展していない地方の市町村が候補地となります。

ダンプステーションニューディール政策は、日本の公共事業と同じで、トイレ付エコカーが増えていくのに比例してダンプステーションの数を増やしていく政策です。長期にわたり日本経済を支えていく政策の一つとなります。ダンプステーションの増設も、初めは地方の市町村からスタートしていきます。パーキングエリアニューディール政策や、プレハブ・ユニット工法ニューディール政策、温度差ゼロ発電装置ニューディール政策と同じく、地方の市町村からスタートさせる政策です。そのため都心部から段階的に、人々を地方に分散化させていく効果も期待できます。人々が職を求めて地方に移り住んでいくことにより、日本全国の地方都市が段階的に活性化し、移民の方々にも仕事を回していけるため、日本の人口密度を大きく引き上げていくことにもつながります。

ダンプステーションニューディール政策とは関係のない話ですが、地方の人口が増えることにより、生ごみや廃棄物の数も桁違いに増えていきます。ゴミ処理場の数も段階的に増やして対応するため、ゴミ処理場での雇用も増やしていけます。しかし、不法なゴミ処理場も出てくると思うので、対策も急務となってきます。

日本全国で決められている建物建設基準の建ぺい率や建物の高さ制限の廃止

Q. 日本全国で決められている、建物建設基準の建ぺい率や建物の高さ制限の廃止化をすれば、温度差ゼロ発電装置と磁力系発電装置などは産業として有利になります。それを支える立体式の建物の高さの制限をなくして建設できるようになれば、コストはかかりますが、自然発電の電力量は段階的に増えていきます。ただ、地方の地域住民から反対の声が出る危険があります。理由は長年見られた風景が急になくなり、発電用の立体式の建物が目の前に現れたとき、嫌な感じを覚える地域住民は少なくないからです。どのように対処するのですか。

A. 建物建設基準の建ぺい率や建物の高さ制限の撤廃については、国の借金1100兆円問題と、少子高齢化問題、移民住居問題、電力不足問題などを解決していくために、必要不可欠な政策です。これには過去の判例もあるので、無理に法改正するのは時間がかかります。

日本の最高裁判所の裁判官が、頭でっかちの石頭で過去の前例にとらわれている人の場合は、対中国と対ロシア戦略では、日本にとって重大な足かせになってしまいます。しかし日本の最高裁判所の裁判官が対中国、対ロシアに前向きな裁判官なら、段階を踏んで過去の判例文に後文を付け加えて、建物の高さ制限の撤廃に協力してくれると私は思っています。

建物建設基準の高さ制限を撤廃することにより、地方での建設雇用が増大します。次に建物に必要な外壁用パネルや部品を生産する建設関係の製造工場の需要が高まり、製造業でも雇用が増大します。さらに将来的な電力不足の解決策として、温度差ゼロ発電装置を設置する大規模な立体式駐車場、または、温度差ゼロ発電装置と磁力振動発電装置のみを設置する大規模な立体式の建物の建造を推し進めて雇用問題を解決します。その後、さらなる増設が必要となるため、移民の方々にも仕事を回していけるようになります。そして個人やファミリー用の一軒家の建設を禁止して、賃貸マンションを大きく増築することでも移民受け入れを推し進め、日本の人口密度を引き上げます。

これにより、赤字国債限度額の上限を大きく引き上げていく、必要不可欠な政策です。

賃貸マンション推進ニューディール政策と賃貸マンション空室法

Q. 賃貸マンション推進ニューディール政策とは、どんな政策ですか。

A. 段階的に、日本国民全員が賃貸マンションに移り住んでいくようにするための政策です。段階的に、一軒家や購入式マンション政策をなくしていくための政策です。

Q. なぜ一軒家や購入式マンションをなくしていくのですか。

A. 理由は、大規模な移民政策で赤字国債の上限額を大きく引き上げるための政策で、移民の方々の居住地区の確保と、災害時の住居の確保、病棟不足時には代わりの部屋として、使用できるようにするためです。

Q. 要するに移民の住居区の確保のためだけですか。

A. いいえ、一般道路用のパーキングエリアの確保や、ダンプステーション用の用地の確保のためでもあります。

Q. 賃貸マンション推進を進めるために、どのような政策を打ち出しますか。

A. 例えば、18歳以上の成人が親と同居している場合、世帯主に毎月5000円課税する仕組みです。逆に18歳以上の成人が賃貸マンションを借りた場合、世帯主の親にかかる課税の5000円の負担はなくなります。そして賃貸マンションを借りた18歳以上の成人に対して、都市行政や地方行政から、賃貸マンション推進法により毎月5000円が支払われます。

Q. 賃貸マンションにも個人用の賃貸マンションと家族向けの賃貸マンションの2つがありますが、18歳の成人が賃貸マンションを借りるのは個人用の賃貸マンションとなりますね。

A. そうなります。

Q. 次に賃貸マンション空室法について説明してください。

A. 賃貸マンション空室法の制定についてですが、この政策は、万が一北朝鮮からミサイル攻撃を受けた場合や、新型コロナウイルスより強力なウイルスが蔓延した状態で、対応できる病室がないときに、対応できる法案です。理由は簡単で、今までの賃貸マンション経営では満室にするのが普通で、空室はできるだけ避けようとするのがマンションオーナーの考えです。この考えは正しいのですが、非常時にできる対応が限られてしまいます。そのため、賃貸マンション空室法を制定した場合、国家が主導で大規模な個人用と家族向けのマンション建設を行います。その際、4分の1または3分の1程度の部屋を、空室にする必要があります。災害時に家をなくしたり、ウイルス兵器のウイルスで病院の病室が使えないときのために、空室のマンションを利用できるようにするための政策です。個人でマンションを経営しているような人にとっては死活問題となってしまう政策であるため、初めは国営企業が中心となって行っていきます。民間で国防式賃貸マンションを経営するには、かなり無理があるので、国家が主体となって国防式賃貸マンション経営を行い、多数の移民を受け入れる体制を整えます。国営型の国防式マンション経営は規模による利益方式となってしまうため、小規模マンションでは対応できません。しかし古い小規模マンションを複数持っていると、対応できると思います。耐用年数と強度不足でマンションの建て替えが必要となるため、国防式賃貸マンションは国営企業でしか対応できなくなってしまうリスクはありますが、今日の日本ではそんなことを言っている場合ではありません。これは私の感覚ですが北朝鮮がいつ日本に極超音速ミサイルを撃ってくるかわからないのと、中国政府がいつ、コロナウイルスよりも凶悪なウイルスを使ってくるかわからない状態です。そのため、いつ自分の住んでいるところが空爆を受けるかわかりません。ウクライナがまさにその状態で、人々は住むところをなくして苦しんでいます。ウクライナの次は日本になる危険が極めて高く、ロシアからミサイルが来なくても、中国や北朝鮮からミサイルが来る危険は確実にあります。さらにウイルス兵器のウイルスが空港エリアから発生する危険もあり、一刻も早く賃貸マンション空室法を制定しなければなりません。

Q．財源はどうやって確保するのですか。

A．財源をどうするかについては、当面は赤字国債の発行で対応します。次に一軒家を持っている家庭に、家の固定資産税を引き上げます。そして住宅建設会社には一軒家の建設禁止を政府から出します。住宅建設会社から仕事を奪い取るため、政府が代わりの仕事を出します。大規模な国防式賃貸マンション建設の仕事を出しますが、小さな住宅会社はノウハウがないので対応できずに取り残され、倒産してしまいます。そのため、大手に吸収されるか、政府から倒産手当金をもらい別の仕事に就いてもらいます。問題はいろいろありますが、国を守るには必要不可欠な政策で、経済政策でも有効です。

A．プレハブ・ユニット工法ニューディール政策の補助政策が賃貸マンション空室法であり、建設業プラス建設用パネルや部品などの製造業の雇用の増加と、日本の自動車メーカーの従業員数スリム化を目的としているため、国防の観点から見れば、一軒家派の人間は日本の国防に協力しない、わがままな人間と見ればよいです。ただしアメリカは例外で、ハリケーンが多発するため、安価な3Dプリンターの一軒家は必要不可欠です。アメリカは国土が広いため、私もどうすればアメリカ経済がよくなるのかわかりませんが、できるだけのことをする必要があります。カーボンニュートラルに偏りすぎてもよくありません。石炭も重要視して、エコでなくても経済を回していく必要があります。

プレハブ・ユニット工法ニューディール政策

Q．なぜプレハブ・ユニット工法ニューディール政策を行うのか、についてです。プレハブ・ユニット工法で家を建てるハウスメーカーは数社しかありません。そんな数社のハウスメーカーのためだけに行う経済政策なのですか。

A．いいえ、違います。日本の自動車メーカーの段階的な人員削減政策で、自動車メーカーの作業員をハウスメーカーの作業員に配置換えする政策です。

Q．なぜですか。ハウスメーカーが人員過剰になって経営を圧迫します。

A．移民の方々のために賃貸マンションの建設を行ってもらうため、段階的に雇用を増やしても問題ありません。

Q．マンションの階数については、どうなっていますか。

A．プレハブ・ユニット工法で賃貸マンションを建設する場合、今までは階数が上がれば税率が上がっていたか、横ばいかのどちらかでした。今後賃貸マンションを建設する場合は、階数に応じて減税、または補助金を出す制度に変えるための法改正が必要となります。

Q. 階数が上がれば、減税や補助金を出すのは違っています。現行のままでよいはずです。無駄な予算は他の方に回すべきです。

A. 無駄ではありません。移民の方々を一人でも多く受け入れるために、必要な法改正です。それに加えて、災害時に対応するために賃貸マンション空室法の制定も必要です。

A. 理由は、想定外の入院患者や、自然災害などで住居をなくしてしまった人の仮住まいとして、随時対応させるためです。

Q. 田舎に高層型の賃貸マンション建設をしても、問題ないのですね。

A. それは違います。人口の少ない田舎に高層型の賃貸マンション建設というわけにはいきません。理由は、入居率がかなり低くなり、国営といえど経営が成り立たなくなるためです。場所や人口に応じた賃貸マンション建設が重要となります。

A. ただし例外もあります。国や行政が計画的に行うコンパクトシティ構想で行う事業に関しては、例外とします。

Q．どういった事業ですか。

A．人口が少ない場所に、先に建物を建設した後、人々を呼び込む手法です。過去には失敗例もありますが、移民の方々を大量に受け入れる政策を取る場合は、有効な手法の一つとなります。理由は、災害時に避難用の住居の確保がスムーズになるためです。

A．なお、プレハブ・ユニット工法では造れない場所で賃貸マンションを建設する場合は、その土地にあった従来式の建設方法で賃貸マンション建設を行います。

Q．賃貸マンションのプレハブ・ユニット工法には、どんな方法があるのですか。

A．コストが一番高いのが階数を一番多く作れる鉄筋コンクリート構造のマンションで、20階建てまで可能です。

A．コストが二番目に高いのが、重量鉄骨造のマンションです。6階建てから9階建てが相場となっています。

A．コストが同じく二番目に高いのが、コンクリート造のマンションです。3階建てまでが限界です。コストが高い割には階数が少なめです。

A. コストが三番目に高いのが、軽量鉄骨造のマンションです。3階建てが限界です。

A. コストが一番安価なのが、木造構造のマンションです。階数も最大3階まで建設可能です。

Q. なぜ、プレハブ・ユニット工法ニューディール政策で日本の自動車メーカーを救えるのですか。

A. プレハブ・ユニット工法の家造りと、自動車の生産方式は類似しています。お互い工場でのパーツなどの部品生産となります。

A. それに、大規模な移民の方々の居住区の確保となれば、一軒家の建設を全面禁止とし、プレハブ・ユニット工法での賃貸マンション建設に絞って行えば、プレハブ・ユニット工法で賃貸マンションを建設する大手ハウスメーカーでの雇用が急拡大します。それに乗じて自動車メーカーの工員の配置転換を、段階的に進めていきます。

A. 自動車メーカーの人員を、段階的にハウスメーカーの人員に配置転換すると雇用人員が減るため、EV車の低価格競争に取り残される不安が完全になくなります。そして、賃貸マンションを運営する不動産屋も儲かります。

解体産業ニューディール政策

Q. 解体産業ニューディール政策とは、どんな政策ですか。

A. この政策は主に、家電製品の解体や中古自動車の解体、古い鉄道用車両の解体、耐震強度のない建物などを解体していく産業です。リサイクルできるものはリサイクルを行い、再利用する政策です。特に注目するべきは、建物の分野になります。建物は一度造ってしまえば永久的に使い続けるものとして扱ってきたため、家やビル、マンションの解体産業自体が小規模な産業です。しかし解体産業ニューディール政策を行うことにより、古い一軒家や、耐震強度の低い古いマンション、古いビルなどの解体事業が格段に増えるため、雇用が段階的に増えていきます。理由は個人や企業からではなく、都市行政や地方行政からの依頼が多くなるためです。

最初は地方の一軒家の解体が主な仕事となります。50年後頃には、古いビルや古い賃貸マンションの解体が主流になります。理由は、移民の方々を大規模に受け入れ、その子孫も増えてくるためです。その頃には、家電解体産業や自動車解体産業、鉄道用車両の解体作業も、産業として成り立っていけます。

Q. なぜそんなことが言えるのですか。いくら移民の数を増やし、解体産業で働く人々を増やしても、日本経済がよくなっていると断言できません。

A. 解体産業ニューディール政策は、あくまでも補助政策です。メイン政策ではありません。メイン政策は、プレハブ・ユニット工法ニューディール政策と、温度差ゼロ発電装置、磁力系発電装置ニューディール政策です。

この2つの政策を行うために、土地建物の建ぺい率や、高さ制限などが地方の市町村で取り決められていますが、これらの制限を全て取り除きます。それにより、温度差ゼロ発電装置と磁力系発電装置ニューディール政策で、150mくらいの巨大な建物の建設を、段階的に進めていきます。そうすれば、段階的に電力不足解消につながっていきます。

Q. これだけの経済推進政策があれば、段階的に日本経済も回復していきますね。

温度差ゼロ発電装置と磁力系発電装置ニューディール政策

Q. 温度差ゼロ発電装置と磁力系発電装置ニューディール政策とは、一体どんな政策なのですか。

A. 温度差ゼロ発電装置と磁力系発電装置を設置するための立体建物を、新型の公共事業として行っていく政策です。

A. 温度差ゼロ発電装置は、別名を常温発電装置とも言います。

Q. 発電装置置き場用の立体式建物を建設するにも、一体どのようにして行うのですか。

A. 大手鉄筋コンクリート系の建設会社が、地方の市町村に150m級の立体式建物を建設し、その中に温度差ゼロ発電装置や磁力系発電装置を設置します。

Q. 費用はどこから捻出するのですか。

A. 公共事業と分類されるため、国家または地方行政の予算で行います。

Q.磁力系発電装置は何十年も前からある発電装置ですが、温度差ゼロ発電装置は、2年から3年前に出てきた製品であるため、磁力系発電装置と同様に高額な発電装置ではないですか。

A.確かに高額かもしれません。磁力系発電装置と温度差ゼロ発電装置も、最初は、発電量も太陽光発電よりも低く、価格も高額かもしれません。しかし平地でしか発電できない太陽光発電と違い、立体式の建物の中で発電します。しかも24時間休みなく発電し続けるため、将来の国のベースロード電源になる可能性のある発電装置です。

A.理由は、工場で作られる製品で、最初に作られる製品は高額となりますが、改良を重ね大量生産できるようになると、コストは大きく下がっていくためです。

A.しかも、温度差ゼロ発電装置の開発メーカーは多いため低コスト化も可能となります。

A.温度差ゼロ発電装置の使い道として、両サイドの壁側と天井の天井側に取り付けることが可能なので、発電場所に無駄がありません。磁力系発電装置と併用して発電しても問題がありません。発電装置を取り付けるだけであるためです。

A．温度差ゼロ発電装置や磁力系発電装置は、技術が高くなれば発電能力も上がっていくため、発電装置の交換時期に交換すれば、発電量は大きく向上していきます。理由は、10年から20年後となるためです。そのため今は発電量が低くても、温度差ゼロ発電装置と磁力系発電装置ニューディール政策は推し進めていく必要があります。

Q．日本の全ての電力会社に対して、温度差ゼロ発電装置や磁力系発電装置を設置するため、150m級の建物建設を推し進めさせるわけですね。

A．違います。日本の全ての電力会社ではなく、沖縄電力を除く8大電力会社に請け負ってもらいます。理由は、新電力会社と違い、資金力と人材が多いためです。新電力会社に対しては、現状維持とします。

A．それから、原発を保有する電力会社の大手8社に対して、温度差ゼロ発電装置と磁力系発電装置置き場用の立体式建物建設を、補助金を付けて依頼します。補助金については、10年後には全ての原発を廃炉にし、原発用の燃料棒は全て福井県の原発に移動させることを条件とします。

Q. 反対する電力会社も出てきますが、どのように対応するのですか。

A. 先ほど言ったことは理想論ですが、新電力会社の倒産件数も増えてきています。そのため補助を打ち切り、倒産補助金制度に切り替える方がよいかもしれません。

A. 自前で小規模発電施設を持っている新電力会社の全ては、太陽光発電などの発電装置であるため、発電効率がよくありません。

A. 新電力会社は全て、大手8社の電力会社に統合されるかもしれません。こちらの可能性の方が高くなります。

A. 今の日本にとって必要なのは、原発に代わる新しいベースロード電源の確保です。その候補となるのが、温度差ゼロ発電装置と磁力系発電装置です。150mくらいの立体式建物の中に設置して発電すれば、そこそこの量の電力を24時間休まず発電し続けます。

Q. 発電装置を置くための立体式建物を建設する会社が遠方の会社だった場合、どのように対処するのですか。

A．ほとんどの建設会社は都市部の会社となります。大手の建設会社が地方の市町村に、150ｍくらいの発電装置を置くための建物建設を行うので、宿泊施設が必要となります。

Q．さらに問題が増えているではないですか。出張先の宿泊費はどのように対処するのですか。

A．宿泊施設についてですが、倒産しかけている旅館やホテルが候補になります。

A．後述の旅館・ホテル救援ニューディール政策の説明通り、経営状態が悪化している旅館やホテルを、建設会社の作業員の宿泊施設にします。理由はＧｏＴｏトラベル割引で利用する不安定な客よりも、企業からの安定収入の方が、地方経済が活性化するためです。

国防式石炭発電所ニューディール政策

Q. 国防式石炭発電所ニューディール政策とは、どんな政策ですか。

A. 今現在のように、電力が間に合う分だけ石炭発電所を建設し運営する政策ではなく、隣国のロシアや北朝鮮、中国からのミサイル攻撃に備える政策を意味します。

Q. ミサイル防衛システムを石炭発電所に配備していく政策ですね。

A. 違います。石炭発電所の防衛にミサイル防衛システムを導入していては、国家予算が持ちません。原子力発電所には、ミサイル防衛システムが必要です。今現在の2段階防衛システムから10段階防衛システムへの変更も必要で、費用も莫大です。

Q. それでは、一体どんな政策なのですか。

A. 国防式石炭発電所ニューディール政策は、単に石炭発電所を増設するだけではなく、ミサイル攻撃を受けたとしても別の地域から電力を供給できる仕組みです。予備の発電所を4カ所から5カ所建設します。一つの発電所で20%から25%の発電とし、災害などで3カ所の石炭発電所が破壊されても、残りの1カ所の石炭発電所で対応させます。

Q. ミサイル防衛システムは導入しないのですか。

A. ミサイル防衛システムは高額であるため、石炭発電所にはミサイル防衛システムを導入しません。1カ所の石炭発電所につき、予備の発電所を3カ所から4カ所保有します。ミサイル攻撃を受けても予備の石炭発電所が1カ所でも残っていれば、電力不足に対応できます。

Q. 国防式ではなく、自然災害用石炭発電所ニューディール政策ではないのですか。

A. 確かにその通りですが、敵国も簡単には核ミサイルを使ってこないと思います。それに核ミサイルよりも通常ミサイルで日本の原子力発電所を狙い撃ちにする方が、低コストで済みます。そのついでに、石炭発電所が狙われる形となります。

Q. 簡単に言うと、10段階式ミサイル防衛システムが必要なのは原子力発電所の方で、石炭発電所は数を作り、ミサイル攻撃を受けて何カ所か使えなくなっても、残った石炭発電所で電力を供給する政策ですね。

A．その通りです。カーボンニュートラル政策に反する政策ですが、ロシアがウクライナに侵攻してから世界情勢が変わりました。ロシアの天然ガスに依存していたEU諸国の人々は、石炭の重要性に気付き始めています。全世界で保護主義が進めば、カーボンニュートラル政策に石炭が追加される可能性もあります。

A．理由は、あの危険な原子力発電所もCO_2を出さないので、カーボンニュートラル政策のエコ政策に組み込まれているためです。

ローカル鉄道推進政策

Q. ローカル鉄道推進政策は、一体どんな政策ですか。

A. 段階的に快速列車を減らして、各駅停車するローカル列車を増やしていく政策です。

Q. 不便になりませんか。快速列車を減らす必要はないと思いますが、それでも減らすには何か理由があるのですか。

A. 理由は、列車内での痴漢冤罪問題のためです。快速列車内でよく起きる事件です。ほとんどの快速列車内は、ほぼ満員状態です。その中で誰が女性の体を触ったかなど、わからない状態です。そこで実際は痴漢をしていないのに痴漢にでっち上げられた男性は、無罪でも警察の強引な取り調べにより有罪となります。勤めていた会社をクビになり、人生を棒に振ってしまいます。再就職先も見つからなくなり、さらに家庭持ちの場合は、家族全員が生活できなくなり、路頭に迷うことになる事件が多数あります。

Q. だからと言って、便利な快速列車を段階的になくしていくのは誤っています。それなら逆に、快速列車の数を増やせばよい話ではないですか。

A. 確かにその通りです。しかし、コロナウイルスが蔓延している状態で快速列車の数を増やしても、鉄道会社の負担が増えるだけです。理由は、コロナウイルスの影響でリモートワーク化が進み、鉄道の利用客が減っているためです。

Q. ではどのように対応すればよいのですか。

A. いきなり痴漢冤罪問題や、コロナ系のウイルスに対応できる政策はありません。しかしスーパーグリーンニューディール政策で経済をよくしていく政策の一つに、ローカル鉄道推進政策があります。

A. スーパーグリーンニューディール政策は地方経済活性化政策でもあるため、段階的に、大都会の都市部から地方都市への移住が進みます。

Q. 都会の都市部の人口を減らしてしまうと、都市経済が弱くなります。

A. 移民政策も並行して行われるため、日本の人口減は止めることができますから、その心配は無用です。しかし、コロナ系のウイルスで日本の人口が大きく減ってしまう可能性はあります。

A. 日本の場合、一極集中型の経済体制です。これを地方分散型経済に切り替えていく政策の一つとして、ローカル鉄道推進政策があります。地方都市のコンパクトシティ化を進める上で、ローカル鉄道推進政策は役に立ちます。段階的に快速列車をなくしていくことで、都市部の一極集中型から地方分散型経済のコンパクトシティ化を推し進めていく必要があるためです。

A. ローカル鉄道推進政策では、人と人が密になるのを防ぐことができないため、学校や企業などはリモートスクール化やリモートワーク化をできるだけ推し進めていく必要があります。新型のウイルス兵器のウイルスが入ってきた場合、打てる対策がないためです。

Q. 新型ウイルス兵器のウイルスが、日本に入ってこないように対策をしてください。

A. 鉄道での政策は限られてしまいますが、空港行きの特急や快速列車の運行を完全に禁止するのが、一番効果的です。しかし元官僚の天下り先である空港族が、現官僚に空港利権をなくさせないために、継続して空港行きの特急や快速は運行され続けると、私は思います。そして現官僚も、将来の天下り先の一つでもある空港利権を手放す政策は絶対にしないと、私は思います。

ローカル鉄道ニューディール政策

Q. ローカル鉄道ニューディール政策とは、一体どんな政策ですか。

A. ローカル鉄道ニューディール政策とは、ローカル鉄道推進政策の強化版です。新幹線以外の快速列車を全てなくし、全路線ローカル列車だけが走行する政策であるため、地方分散型経済のコンパクトシティ化を一層強める政策となります。

Q. この政策には無理があります。急に快速列車をなくすと、悪影響が出ます。

A. その通りです。しかしローカル鉄道推進政策からスタートし、日本の人口が2億人を超えたところからローカル鉄道ニューディール政策に政策転換すれば、地方分散型経済のコンパクトシティ化がより進んでいきます。

A. 快速列車がなくなり、都会の都市部や地方の市町村や都市部ではローカル列車だけとなるため、列車の数を増やし満員列車の禁止化を行い、痴漢冤罪の確率を大きく引き下げます。それと同時に経済の一極集中化も防ぐことができます。さらに列車内で人と人が密になりにくいため、ウイルスに感染しにくくなります。

セーフティーネットニューディール政策（刑務作業工場ニューディール政策）

Q．セーフティーネットニューディール政策とはどんな政策ですか。

A．セーフティーネットニューディール政策は、別名を刑務作業工場ニューディール政策といいます。刑務作業の仕事を元受刑者で仕事のないホームレスやニートの人々に与えて、元受刑者による再犯率を減らすことが目的です。しかし今すぐに実行することは、１００パーセント不可能です。なぜなら、元受刑者のホームレスやニートの人たちに刑務作業の仕事を回してしまうと、現受刑者は出所後にお金がない状態となってしまうため、無理があるからです。そのため、元受刑者のホームレスやニートの人々に仕事を与える方法としては、温度差ゼロ発電装置ニューディール政策の立体式駐車場のネジなどの一部の部品や、温度差ゼロ発電装置の一部の部品、磁力系発電装置の一部の部品、賃貸マンション建設用の一部の部品を作ることなどが対象となり、移民の方々が増えてくるにつれ、段階的に建設用の一部の部品生産を刑務作業工場にも流していける仕組みを作ります。刑務作業工場の現受刑者だけでは間に合わないくらいの仕事を作り、元受刑者のホームレスやニートの人々を、労働基準法が定める基本給で雇用します。しかし住む家がない人もいるため、格安の賃貸マンション物件を貸し出せるようにします。刑務作業と同じ作業内容なので、長期雇用に対応できると、私は思います。

それから、現在の元受刑者に対しての再犯防止策が全くできていない状態だと、すぐに元受刑者が再犯を行います。90％の確率で刑務所に出戻りして、一生刑務所の中で暮らす人も少なくありません。移民の方々が増えてきた場合、現在の刑務所の数を増やし監視用の警察官を大量増員して対応しなければならず、無意味に公務員の数を増やし続けなければならず、無駄な費用が多くなるだけです。

保育士・産婦人科医・言語教師ニューディール政策

Q. なぜ保育士や産婦人科医、言語教師の増員政策に「ニューディール政策」を付けるくらい増員が必要なのでしょうか。そして移民を大量に受け入れる必要があるのでしょうか？
無理やり人口を増加させると、国の税収は増えるかもしれません。しかし、犯罪率の増加も懸念材料の一つとなります。そのリスクを負う必要があるのでしょうか？

また、日本の人口を移民だらけにしてしまうと、元来の日本人の意見が通らなくなる危険があると聞いたことがあります。日本が日本でなくなるリスクに、どのように対応するのでしょうか？

A. 保育士・産婦人科医・言語教師ニューディール政策は、移民の方々を大規模に受け入れる場合は、必ず必要となってくる政策です。初めは小規模な受け入れ方式でも、賃貸マンションの大規模増産政策を行うため、段階的に移民の方々の受け入れ規模を拡大していく必要があります。それと同時に、日本の言語を教える言語教師の数も増やしていく必要が出てくるため、言語教師の確保も必要不可欠となってきます。そして移民の中には幼児も多数いるので、保育士も必要不可欠となってきます。言語教師ほどではないにしろ、大規模な移民受け入れを行い続ける場合は、保育士の確保も急務となります。そして保育士には、言語教師としての役割も必要になってきます。

次に産婦人科医についてですが、現在の日本でも子供を多く産ませようとしていますが、うまく進んでいません（日本の出生率は１９５０年に３・65％、１９７０年に２・13％、１９７５年に２％を切り２０１９年は１・36パーセントとなっている「厚生労働省政策統括官付参事官付人口動態・保健社会統計室人口動態統計」２０１９年は概数）。それに移民の方々が来たからと言って、出生率が伸びるわけではありません。コロナ系ウイルスの脅威にさらされている現状では、急速な人口減少の可能性すらあり、乳幼児の出生率よりも死亡率が急に上がる危険もある状態です。そのため、移民政策は必要不可欠となり、中国や韓国以外からの移民受け入れは必須となってくるのと同時に、日本の人口密度を引き上げなければ、日本の赤字国債発行額の上限引き上げが不可能な事態になってしまいます。その時こそ、大恐慌となり外国の企業が日本から大量脱出してしまうリスクもあり、雇用を維持できない事態となってしまいます。今の日本で大規模な移民政策を行った場合、確かに外国人比率が多くなります。外国人が多数派になると、元来の日本人の意見が通らなくなると言われます。しかし日本の政治家に日本人の声が届いたことはほとんどないと私は感じていますから、それと同じです。しかも移民の人々も日本の歴史を学び、段階的に日本人化していきます。そしてプロ野球やプロサッカーなどでも、外国人と日本人のハーフの子供が大人になり、プロの世界で活躍しています。移民受け入れ政策は、行き場のない難民などを受け入れる制度です。ＥＵ諸国が難民受け入れ制度を導入し、現在の日本でも難民受け入れに署名した以上断ることが不可能です。移民の方々を受け入れ多文化共生を推進させることで、経済を立て直していく方が重要だったからです。

航空会社統廃合政策と脱ＧｏＴｏトラベル政策、脱ＩＲ統合リゾート政策

Ｑ．なぜ航空会社統廃合政策や脱ＧｏＴｏトラベル政策、脱ＩＲ統合リゾート政策を行う必要があるのですか。

Ａ．航空会社統廃合政策について説明します。

１．航空会社と飛行機パイロットを切り分けます。

２．日本政府の支援により、パイロット専用の会社を設立し、そこから航空会社へ派遣する形をとります。

３．航空会社がパイロットを必要とするときは、飛行機パイロット専用の会社に連絡し、パイロットを派遣してもらいます。

４．飛行機パイロットは、荷物飛行機のパイロットとし、海外の荷物の運搬を主体とします。その上で、旅客便対応時だけ、航空会社の飛行機を運行します。

5．パイロット以外の航空会社職員の大規模なリストラ政策を行います。

※キャビンアテンダントを含めます。

6．リストラされた航空会社職員やキャビンアテンダントの方々が、再就職できるように支援します。

7．航空会社や空港関係でリストラになった人々に対して、日本政府が空港関連リストラ者救援政策を取ります。

8．空港関連リストラ者救援政策で、通常の失業保険料の受け取り期間については、30歳未満の場合、1年未満で90日分、1年以上5年未満でも90日分と同じ日数です。5年以上10年未満で120日分となり、10年以上20年未満で180日分の保険料の支給となっています。

30歳以上35歳未満の場合、1年未満で90日分、1年以上5年未満で120日分、5年以上10年未満で180日分、10年以上20年未満で210日分、20年以上で240日分となっています。

35歳以上45歳未満の場合、1年未満で90日分、1年以上5年未満で150日分、5年以上10年未満で180日分、10年以上20年未満で240日分、20年以上で270日分となっています。

45歳以上60歳未満の場合、1年未満で90日分、1年以上5年未満で180日分、5年以上10年未満で240日分、10年以上20年未満で270日分、20年以上で330日分となっています。

60歳以上65歳未満の場合、1年未満で90日分、1年以上5年未満で150日分、5年以上10年未満で180日分、10年以上20年未満で210日分、20年以上で240日分となっています。この不況の状況では、再就職先を見つけるにも時間がかかってしまうため、空港関係のリストラ者に対して勤続年数に関係なく、失業保険料の受け取り期間を1年間から2年間プラスして支援し、再就職先が見つかるように支援します。

9．航空会社や空港関連で大規模リストラが終わった後、日本の航空会社を一つにまとめます。小規模な国有の航空会社にまとめます。ただし、パイロットのリストラはなしとします。理由は、荷物便の運用と、非常時にパイロット不足にならないようにするためです。

10．航空会社の統廃合政策で一つの小規模な航空会社になった後、旧航空会社の各社が持っていた自社ビルを売却し、経営のスリム化を推し進めます。

11．中国共産党が完全崩壊するまで、最低でも30年以上かかるため、日本や西側諸国は一刻も早く、航空会社の統廃合政策を推し進めていく必要があります。

12．中国共産党やロシアの独裁政治が終了した後、段階的に航空産業の民営化を推し進めます。

13．航空会社を復旧させるとき、２０２３年度の時価総額から資産を分割します。ただし、２０２３年度前に経営破綻した航空会社は、分割される資産が大きく減少します。

14．段階的に閉鎖していく空港は、離島以外の本州の空港のみを対象とします。

15. 貨物空港として残る空港については、パイロットや貨物運搬作業員たちの宿泊施設や入院用の病院の建設と、医療従事者の確保も重要になってきます。後の対応は日本政府の判断となります。※必要最低限の店舗は残すようにします。できるだけ物資不足にならないようにしてください。

16. 旅客空港として残る田舎の小規模な空港については、貨物空港として残る空港以上に、パイロットや運搬作業員、少数の旅客の人々用の入院施設の建設と、医療従事者の確保も必要になってきます。後の対応は日本政府の判断となります。

17. 航空会社関連で倒産した企業の建物の管理は、国や都市行政、地方行政が行い、売却先が見つかるまで保持します。

18. 空港内に設備を残したまま倒産した企業については、残った設備は国や行政のものとします。ただし、空港内の店舗用の備品は店舗側のものとします。

19. 閉鎖する空港にはコロナウイルスの影響で資金がない店舗しかないため、政府支援型の計画倒産を行います。

20．計画倒産後、リストラされる人々も出ますが、長期型失業保険の給付政策を行うため、計画倒産した店舗オーナーは移転先の店舗として、コンビニのパーキングエリア内の店舗か、ＲＶパーク内の店舗のどちらかに移転となります。そして計画倒産に協力した店舗経営のオーナーに対して、計画倒産補助金を支給します。移転先の費用も国や行政の負担とします。

21．計画倒産補助金の額は、１０００万円とします。国も財政難であるため、この金額よりも下回る可能性は大いにあります。

22．店舗と無関係の業種もあります。空港内のシステム管理会社や警備会社、ホテル運営会社などの会社は収入がなくなってしまうため、自然に倒産となってしまいます。それを防ぐにしても費用が大きくなりすぎてしまうため、空港内の小規模店舗と同様に計画倒産を行います。その後、経営者に対して、国や行政から計画倒産補助金が支給されます。

23．計画倒産に協力した経営者は、計画倒産終了後に再び会社経営をする場合、都市行政、地方行政に申請した後、新会社設立補助金2000万円から4000万円を受け取れるようにします。新会社用の補助金を受け取った元空港関係の会社のオーナーは、完全別会社の小規模な会社、小規模な店舗を経営していくことができます。ただし、完全新会社となるため、旧会社の負債は国の負担とします。旧会社の雇用データや取引データも国の管理とします。

24．空港関連リストラ者救援政策で、失業保険料の受け取り金額ですが、通常は5割から6割程度ですが、特例を設けて、8割程度に変更する方がよいかもしれません。

25．万が一、今年中に米中戦争が起きた場合、空港関係職員のリストラをやめます。そして空港関係の会社に補助金を出して、日本の自衛隊の基地用に空港を利用した場合、空港関係の会社からロシアや中国に、自衛隊やアメリカ軍の情報が100パーセントの確率で漏れてしまいます。そうなれば、台湾にとってもまずい状況となります。

26．そのため、台湾をめぐる米中戦争が起きても、空港関係の会社を計画倒産させ、空港関係の職員のリストラも急ぐ必要があります。

27．現在、航空会社や空港関連の会社に就職するために、航空関係の学校に通っている学生に対しては、学校に支払った授業料の5倍から10倍の金額を国が返済するものとします。というのも、生徒たちは、航空関係の仕事に就くために高額な授業料を学校側に納めています。生徒個人の生活費も学校の授業料並みにかかっている現実があります。それに加えて、授業内容の予習や復習といった生徒個人の努力と時間が使われています。そのため、航空関係の学校の生徒たちの救済政策を行わずに航空会社統廃合政策を行ってしまった場合、努力してきた生徒たちは悲惨な状況に陥ります。今までの努力と生活費、授業料が無駄金として消えてしまううえに、これからの生活費や再就職の費用も必要になるため、航空関係の学校の生徒たちにとっては地獄のような話になってきます。

28．返済額を5倍から10倍に設定したのは、航空会社統廃合政策においてサービス業関係の仕事の回復が1年から2年後になってくるからです。また、失業保険のない学生が無収入になるのを防ぎ今までの努力を別の分野に投資してもらうためです。生徒たちは優秀な人ばかりなので、国が授業料の10倍の金額を返済しても、赤字国債が少し増えるだけです。航空関係の学校が数えるほどしかないのも理由の一つです。

29. 航空関係の学校の教師については、空港関係リストラ政策で対応します。閉鎖した学校の跡地については、政府の判断とします。

30. 航空関係の学校に入学する前で授業料を支払っていない生徒に対しては、内定取り消し補助金政策で対応します。内定取り消し補助金政策は主に、航空会社や空港関連のサービス業で新卒の内定取り消しが多くなるためです。就職の内定取り消し補助金政策は、航空会社統廃合政策を実行する一年目だけを対象とします。

31. 就職内定取り消し補助金制度の補助金の金額は50万円から100万円までとします。ただし、50万円以下の金額になる可能性も高いです。

A. GoToトラベル政策については、航空会社統廃合政策を行うため、廃案化しなければならない政策となります。

A．GoTo トラベル政策は、海外旅行をして日本政府から補助金をもらえる政策です。コロナウイルスが変異し凶悪化したウイルスを日本に持ち帰ってくる人が増えてきているように私は感じており、現在の日本の死者も7万人を超える異常事態となっています（厚生労働省「データからわかる――新型コロナウイルス感染症情報――」累積死亡者数74694人　最終集計値2023年5月9日のデータより）。そのため、GoTo トラベル政策は一刻も早く停止し、一刻も早く廃案にする必要があります。

A．これは私の考えですが、コロナウイルスは実験段階のウイルス兵器であるため、ロシアや中国が本格的に使ってきたら打てる対策がなくなってしまいます。そのため、日本経済にとっては打撃となりますが、一刻も早く航空会社の統廃合政策を行い、空港の国際線を閉鎖しなければなりません。特に、東京の羽田空港と成田空港は国内線と国際線両方とも運行を取りやめ、荷物便のみにシフトしなければなりません。

A．2020年にコロナウイルスが中国の武漢から発生し、世界で一番被害の大きかったアメリカでは、感染者1億6385356人です。死者は115万7194人です（2023年3月10日14時時点でのアメリカのジョンズ・ホプキンス大学の集計です）。アメリカ国内でこれだけの被害が出ているのに、アメリカ政府は中国政府に対して中途半端な経済制裁しかできていないため、対策がないのも現実です。

A．中国政府に対抗するには、航空会社の統廃合政策を行う必要があります。自国の国民を国内の遠方や海外への旅行などに行かせないような政策を、打たなければなりません。そのためには、脱ＧｏＴｏトラベル政策を行い、自国の国民が飛行機を利用しにくいようにフライト料金の値段を大幅に引き上げる必要があります。

A．ＩＲ統合リゾート政策については、すぐに廃案化しなければなりません。ギャンブル推進政策はギャンブル依存症の人を増やし、百害あって一利なしの政策です。この政策の裏側には、アメリカの裏社会が関わっていると聞きますが、ロシアや中国が関わっている可能性もあるのではないかと思います。

A．今の日本政府は、経済活性化政策で、ＧｏＴｏトラベルで航空産業を活性化し、海外から凶悪化したウイルスを国内に持ち込ませる。そしてＩＲ統合リゾート政策で、ギャンブル依存症の人を多く作り出す。このような政策は経済政策ではありません。

Ａ．行うべき政策は、リモートワークやリモートスクール政策であり、できるだけ多くの人命を守る政策を打ち出すことです。本格的なウイルス兵器のウイルスを使われる前に、対策しなければなりません。

Ｑ．航空会社の統廃合政策は、どのように進めていくのですか。

Ａ．この本の読者の中で、航空会社や空港関係の株券などの証券を持っている方は、一刻も早く売却し、この本を読んで成長しそうな株の証券に買い替えていくことをお勧めします。この本の読者が増えていけば、空港関係の株の売却が進みます。ただし、株の空売りだけは避けてください。理由は、空売りにより下がった株価を、航空会社からの要請を受けて、日本政府が資金投入して株価を元に戻す可能性があるためです。そうなれば、空売りした投資家は大損した上に、何の救援もありません。

Ｑ．株の空売りのことなんかよりも、投資家の空港関連の会社の株の売却が進めば、空港関係の会社に資本金がなくなります。そうなれば、空港関連で働いていた人々が大量に失業してしまう危険があるため、それは推し進めてはいけない方法です。

A. 確かにその通りですが、この本を読んだ読者の方々の中には空港関係の会社の株を全て売る人が出てくるのも事実と思います。

Q. 空港関連の会社で働いている人々の雇用を守る方が、重要ではないですか。

A. 確かに、その通りですが、空港関係の会社の株の売却ラッシュとなり、空港関係の会社が資金難となっても倒産ラッシュとはなりません。理由は、親中派政権にとって空港関係の会社の倒産ラッシュは、大規模な公的資金の投入で防げるからです。国の官僚にとって、空港利権を守りたいからです。

Q. しかし公的資金が投入されずに、空港関係の会社が次々と連鎖倒産してしまった場合、空港に勤めている大量の従業員は職を失います。そして元従業員たちによる暴動が起きる危険すらあります。どのように対応するのですか。

A. 万が一、この本が販売されてから空港関連の会社が連鎖倒産してしまった場合についいて書いておきます。法整備についてです。

1．空港関連で失業した人々の失業保険料の受け取り期間の大幅な延長政策を行います。

2．延長期間は1年分の365日分か、2年分の730日分のどちらかにする。これは日本政府判断とします。

3．この本が発売されてから数日中に、空港関連の会社が大量に倒産してしまった場合は、日本政府でもすぐには対応できないため、暫定的な対策として、後から失業保険料の受け取り期間の延長政策を行います。
しかし失業者の中には、失業保険料の受け取り期間が90日しかない人も多くいます。
そのため、政府の支援政策の決定を早くする必要があります。

4．政府の支援政策の決定が3カ月以上遅れた場合でも、後払い方式で対応してください。
この本が発売された日から空港関連の会社の連鎖倒産による失業者救援の対象者としてください。

5．今回の空港関連の失業者に対する失業保険料の給付期間は、元来の失業保険料の給付期間にプラスして、失業保険料の延長期間分とします。
※延長期間分は365日分か730日分かのどちらかになると思います。

A. 言葉は最悪ですが、この形で航空会社や空港関係の会社が連鎖倒産するのは、まだマシな方です。理由は、代替政策があるためです。最悪なのは、航空会社や空港関連の会社に大規模な補助金を出し、政府がインバウンド需要目的で、航空機での海外の旅行客を大量に日本国内に受け入れる政策です。

Q. インバウンド需要目的の航空機での海外の旅行客を大量に国内に受け入れる政策を行うとは思えません。理由は、代替政策であるスーパーグリーンニューディール政策があるから大丈夫だと思いますよ。

A. 確かに、その通りですが、今現在の日本の政権は親中派の政権です。親中派の与党議員たちは、中国政府が一番嫌がる政策は行いません。むしろ逆に、中国側にとって利益になる政策しかしません。

Q. それなら、現在の日本政府なら航空産業の統廃合政策の代替政策があっても、与党の親中派議員によって、ウイルス兵器のウイルス対策の政策も、官僚たちの利権政策に変わってしまう危険がありますね。

A. その通りです。そして与党の親中派の天下り先の一つに空港関連の会社があるため、航空機でのインバウンド需要目的の政策しか行われません。

Q. 親中派の天下り先の一つでもある、空港関連の会社に、国からの補助金が渡らないようにするにはどのようにすればよいのですか。

A. 難しい問題です。この本で航空産業を非難しても、日本の与党の政治家の中心が親中派だった場合は、航空会社統廃合政策の代替政策案を出しても、空港関係の会社に多額の補助金が渡ってしまうのが現実です。

Q. 対策は一切できないということですね。

A. 確かに、その通りです。しかし、一つだけ対策案があります。

Q. どんな対策なんですか。聞かせてください。

A. アメリカ政府の政治力を使って、日本政府の親中派議員に対して圧力をかける方法になります。

Q．具体的に、どういった内容になりますか。

A．各国の大統領や首相に対して、全世界規模での航空会社の統廃合政策を行います。しかし、航空会社の統廃合政策に反対する国があれば、反対した国の与党政党の議員に対して、個人口座の完全凍結と個人資産の完全凍結を行う必要があります。特に現在の日本政府に該当します。

理由は、私が中国の実験用と考えているコロナウイルスの殺傷能力の高さが実証されたためです。中国も自国での被害は大きかったかもしれませんが、アメリカに対して超の付くくらい有効的な攻撃方法だと分かったため、あとはPCR検査機にさえ引っかからないウイルスを作るだけです。

2023年1月8日に中国政府は自国民に対して海外への渡航を解禁しました。富裕層の中国国民が一斉に海外に渡航し、爆買いほどではないにしろ世界経済に貢献しました。

日本のYouTubeでは、中国はコロナウイルスの影響で自国内の経済はガタガタという意見があります。今後5年以内に中国共産党が崩壊する説や、次の共産党大会で国家主席が変わるなどの説があります。それに加えて、2023年度内に台湾侵攻もあるなどの情報で溢れかえっています。さらに、中国政府内部で反乱の動きがあるという情報もありますが、私が思うには、これはアメリカを含む西側諸国を油断させるためのデマです。中国の国内経済が行き詰まっているのは事実ですが、アメリカ政府もコロナウイルスに対して有効的な対策を打てなかったのも事実です。そのため、中国政府は新型ウイルス兵器を使用する場合、海外に渡航する自国民に対しては、予防接種名目で兵器用ウイルスを注入し、海外に渡航した中国人たちは、全世界各地に兵器用ウイルスをばら撒きます。

そうなれば、世界中の人々の人体の中には、殺傷能力の高い兵器用ウイルスが2年間から4年間ほど潜伏した後、急に重病化や致死といった現象が起きると予想します。

その後、1年から2年後には、中国を除く全世界の人口の9割以上が対策を取れずに亡くなってしまいます。兵器用ウイルスを持った海外渡航者の中国人も9割以上亡くなります。中国国内でも多少の死傷者は出ますが、一番軽く済みます。

そして、アメリカ国内の9割以上の人が亡くなれば、日本や台湾防衛どころの話ではなくなります。アメリカは自国の防衛だけに専念します。そうなれば、中国軍は戦争をせずに日本や台湾、アジア諸国の全ての国を中国政府の支配下に置くことができます。

現実問題で、中国政府は4年後から6年後には実践する段階に入っています。

A．日本政府の親中派議員に対して、アメリカ政府が行う圧力政策についてです。

1．アメリカ単独で日本政府の親中派議員に圧力をかけて日本の航空会社統廃合政策を行うか、または、アメリカや日本を含む、西側諸国の先進国間で航空会社統廃合政策を議論し、その決定事項に従い、解体する空港、貨物便専用空港、少数ながら旅客便空港をどのくらいにするかを決定します。

2．西側諸国内の航空会社統廃合政策において、規定より多くの旅客空港を持つ場合、旅客空港1カ所につき約100兆円を超える規模の違約金を、毎年アメリカ政府に支払わせるように法改正します。法外な金額となりますが、本格的なウイルス兵器を使われる前に対処しなければなりません。特に親中派政権の日本政府に対しては、超高圧的な姿勢で圧力をかける必要があります。

3．日本においては、航空会社の統廃合政策に反対派の与党議員に対して、個人口座の凍結と個人資産の凍結はもちろん、与党政党の資産凍結も行ってください。理由は、ロシアや中国、北朝鮮にとって日本はスパイ天国であるため、ロシア政府や中国政府の嫌がることは100パーセントしないからです。日本政府が軍事費をGDP比で2％や3％にしても、中国政府にとっては許容範囲です。そのため、日本の軍事費だけ上げる政党は保守政党ではありません。「航空会社の統廃合政策を行った後で軍事費を引き上げる」と宣言する議員の方々が、真の保守派の議員です。この本を保守派の議員が読んで内容を理解してくれることを心から望みます。

日本の航空会社や空港関連の会社が大反対したときは、倒産補助金を全額凍結してください。理由は代替政策と準救援政策があるためです。

4. 在日米軍の安全確保も重要な問題です。航空会社統廃合政策を行わない場合、日本に駐在する米軍及び米軍関係者の被害も莫大なものとなります。兵器を使える人材も多数死亡するため、日本の防衛どころの話ではなくなります。その間に中国軍が一斉に米軍基地に上陸し、そのまま米軍の施設を全て乗っ取ります。そうなれば、米軍の大半の情報は中国軍の手に渡ってしまいます。生き残った米兵の全ては、中国軍の捕虜となります。そうなる前に一刻も早く、航空会社の統廃合政策をとることが重要となってきます。

5. 世界中にある使わなくなった旅客用の航空機の解体工場の建設を、全てアメリカ国内に建設します。理由は、アメリカ国内での雇用を増やす目的と、スクラップとなった航空機用の部品を別用途に使えるようにする目的があるためです。それに加えて、使わなくなった旅客用航空機の解体費用を他国からもらえるため、アメリカ経済にとって少しだけプラスに働くためです。

6. 万が一、アメリカ政府が全世界規模の航空会社の統廃合政策を行わない場合は、現在より10年以内には、中国政府がアジア諸国全域を支配した後、１００パーセントの確率でアメリカ合衆国は東西に分断されます。いくら兵器の技術が世界一でも想定を超える死者が出れば、中国の物量攻撃に押し込まれてしまうからです。

7. 中国を除く、全世界の人口の9割以上が兵器ウイルスにより急死していくと、原発を持っている国々は、自国の原発の管理者がいなくなります。そうなれば、制御されない原発は発熱し続けた後、メルトダウンし爆発します。そういった現象が中国以外の国々で起きてしまいます。
そうなれば完全に、中国政府の一強の世界となります。

8. アメリカには未だに銃規制ができていない現実もあるため、航空会社統廃合政策が終わり次第、急いで銃規制強化を推し進めなければ、罪のない人たちが多く死に続けてしまいます。アメリカ人は悪しき古い文化は一刻も早く捨ててほしいと願います。ロシアや中国の植民地化を避けるなら、銃規制強化は必要不可欠です。

銃規制反対派の大統領は今後登場させてはいけません。アメリカの国力の弱体化の原因につながっているためです。

Q．空港関係の仕事でやりがいを感じている人や、空港関係に就こうとしている人にとっては、やりがいをなくす政策ですね。

A．確かに、空港関係の仕事にやりがいを感じている人から見れば、この政策は受け入れがたい政策です。しかし、ＰＣＲ検査機の検査をすり抜けてしまい、長期的に人体内に潜伏し数年後に重病もしくは、そのまま即死してしまうウイルス兵器のウイルスに対応しないと多くの人命が亡くなってしまいます。そのため申し訳ございませんが、ご理解ください。
また、この政策について考え方は人それぞれかと思いますが、私としては重要な政策と考えています。

国防式脱原発への道

Q．脱原発政策は必要な政策ですか。

A．はい、必要な政策です。しかし、今すぐに脱原発政策をとることは100パーセント不可能です。

Q．なぜですか。今現在稼働している原発の電源を全て停止させれば、脱原発が完了するじゃないですか。

A．それは脱原発ではありません。原発の電源を止めただけです。核燃料棒の冷却にも電力を消費しているため、脱原発ができたわけではありません。

Q．では、どのようにすればよいのですか。脱原発をするには、スウェーデンみたいに核燃料棒を保管できる岩盤石のあるところに保管する方法ですか。でも、そんな場所は、日本にはありません。

A．日本国内で、脱原発できる場所はありませんが、仮の脱原発政策を行うことは可能です。

Q．どんな政策で、どのように対策を取るのですか。

A．日本全国にある原発用の核燃料棒を全て取り出し、日本海側にある、貯蔵施設で保管させることができて初めて、仮の脱原発ができた状態となります。

A．仮の脱原発政策は、南海トラフの巨大津波に対して有効的な手段です。理由は、原発用の燃料棒が、南海トラフ側に残っていると、原発の電源を全て停止していても、津波の影響による原子力事故で被ばくし、福島第一原発みたいな状態となってしまうためです。しかしネットで流れている情報として、原発運転時に地震などが来て、配管破断電源喪失などで冷却剤がなくなれば、最悪の場合、数分以内で炉心が溶融しますが、発電量の小さい原発の停止時の場合は、対応するのに時間的な余裕があります。原発停止時、より安全性を確保するには、核燃料棒を発電用プールから抜いて、安全な使用済みの核燃料棒貯蔵施設に移しておけば、少なくとも原発の中に入れておくより格段に安全です。原子力発電の場合、停止する場合や、移動する場合、かなりの時間や日数がかかります。

例えば、100万kWの原発の場合、出る熱は300万kWですが、停止後1時間で3万kW、運転時の約1％まで下がります。

停止後100日で3000kW、運転時の約0・1％まで下がります。

停止後3年で300kW、運転時の約0・01％まで下がります。

と記載されていましたが、100％安全を保証するという内容ではなく、あくまでも確率論的なものでした（出所：NPO法人　知的人材ネットワークあいんしゅたいんHP）。

A．

そして、南海トラフのエリアには、中部電力の浜岡原発や中国電力の伊予原発、九州電力の玄海原発と川内原発があります。理由は、今回の南海トラフの巨大地震は日向灘より南側の南西諸島沖と沖縄諸島沖の方までつながっている可能性が高いためです。

気象庁によれば、2022年に沖縄県内で震度1以上を観測した地震は153回でした。そのうち震度1以上の地震が98回、震度2は48回、震度3が7回、震度4以上はなしでした。ただし、2021年9月18日に台湾付近を震源地に発生した地震はマグニチュード7・3で、宮古島や八重山地方に津波注意報が発表されるも津波は観測されていません。１５３回の地震の回数は日本全国で九番目に多く、過去29年間で最多の記録でした。また、１５３回の地震のうち、久米島に近い沖縄本島北西沖で全体の半数以上となる81回の地震が発生しています。沖縄気象台によると、２０２１年１月末から沖縄本島北西沖で地震活動が活発化しています。12月中旬以降は落ち着いていますが、今後も継続する可能性があるとしています。この地域で地震活動が活発になったのは１９８０年以来で42年ぶりだからです。

沖縄本島北西沖で発生する地震の震源は東シナ海側の海底にある溝状地形の沖縄トラフ。ユーラシアプレートが北北西と南南東方面に引っ張り合うことで地震が発生しています。２０２２年度に地震回数が増加した明確な要因は判明していませんが、沖縄トラフ地震が発生すると、その後も地震活動が活性化しやすい傾向があるそうです。

また、気象庁の震度データベース検索によれば、鹿児島県の２０２１年の震度１以上の地震回数は７１８回です。特に２０２１年は、トカラ列島近海で地震が頻発していることから回数が大幅に増えたことが分かります。１９２２年から２０２１年の百年間に鹿児島県では22回、震度5以上の地震が起きています。南海トラフで巨大地震が発生した場合、揺れによる被害のほかに津波などで甚大な被害を受ける可能性があることから、この地域には高い防災意識が引き続き求められます。

また、気象庁によると高知県の震度1以上の地震は、2022年だけで37回発生しています。静岡県は62回で、そのうち伊豆半島東方沖で発生した地震は10回でした。

A．万が一、これらの原発がメルトダウンし広範囲が被ばくしてしまえば、西日本側では、ほとんど住める地域がなくなってしまいます。悪く言えば、巨大津波の被害よりも、ひどい状態となります。
津波の被害は一度きりでその後は、復旧に向けて経済を少しずつ回復させていくことは可能です。

しかし、原発事故が起きると、広範囲で被ばくの影響が出てしまう上に10万年間という途方もない期間、人が住めなくなる世の中が、現実に起ころうとしているため、急いで対策をしなければなりません。

そのため一刻も早く、日本海側の原発施設に、核燃料棒と使用済みの核燃料棒を移動させる必要がありますが、日本海側の原発で、核燃料棒の貯蔵施設が不足しているため、大増設する必要があります。

Q. 放射能は、どのくらいの期間で消えますか。

A. 環境省によると、半減期は放射性物質によって異なります。

例えば

ヨウ素131の半減期は約8日

セシウム134の半減期は2年

セシウム137の半減期は30年です。

Q. 核のゴミの無力化は何年かかりますか。

A. 強い放射能を帯びた核のゴミ、その影響力が弱まるまでにかかる時間は、およそ10万年となります。

Q. 高レベル放射性廃棄物の無力化に何年かかりますか。

A．高レベル放射性廃棄物は、長い時間にわたって放射線を出し続けます。製造直後のガラス固化体の放射能が、原子力発電の燃料に必要なウラン鉱石と同じ放射能になるまでには、数万年から約10万年かかります。

Q．それから、日本海側の原発についてですが、日本海側の原発の核燃料棒や使用済み核燃料棒を保管する場所は、そこそこあるじゃないですか。

A．確かに、その通りです。しかし国が想定しているよりもはるかに大きい津波が来たときの想定がされていません。理由は、南海トラフと日向灘の南海トラフ、沖縄トラフが連動してしまったときのことを想定していないためです。

そして、日本海側にもユーラシアプレートがあるため、核燃料棒と使用済み核燃料棒の受け入れの候補地が、島根県の島根原発と福井県の日本原子力発電の敦賀原発、関西電力の美浜原発、大飯原発、高浜原発の5カ所しかありません。

Q．そんなに少なくなってしまうのですか。

A．さらに、北朝鮮の極超音速ミサイル防衛システムを導入すると、国家予算の金額が莫大な金額となるため、島根原発は候補地から外れます。

Q．福井県の4つの原発施設に絞って、極超音速ミサイル防衛システムを導入するわけですね。

A．はい、その通りです。しかし現在の2段階式ミサイル防衛システムだけでは防ぎ切れないと、私は思います。

Q．では、どうすればよいのですか。

A．2段階式ミサイル防衛システムで十分対応できるという人もいますが、私としては、2段階式ミサイル防衛システムから10段階式ミサイル防衛システムに、段階的に切り替えていく必要があると思います。

A．最近の地震情報や北朝鮮の極超音速ミサイル防衛のことを考えれば、福井県の敦賀原発や美浜原発、大飯原発、高浜原発に加えて、福井県に新増設する原発の燃料棒を保管する施設に絞って、10段階式ミサイル防衛システムを導入するのが一番よい方法です。

Q．10段階式ミサイル防衛するにあたり、候補地となる場所はどのように確保するのですか。

A．10段階式ミサイル防衛するための候補地は、石川県や新潟県、富山県、滋賀県、京都府、兵庫県などが対象の候補地となります。

A．原発用の核燃料棒と使用済み核燃料棒を福井県の原発施設に集中させることにより、低予算で、2段階式ミサイル防衛システムから、10段階式ミサイル防衛システムに切り替えることができます。その上で順次、防衛ミサイルを最新のものに交換しやすくなります。

Q．しかし、福井県の人々に納得してもらえるかどうかは分かりません。

A．確かに、その通りです。しかし、ロシアや中国、北朝鮮の脅威に対応していかなければならないため、この本を読んでもらい、理解してもらう必要があります。

Q．なぜ福井県にだけ、原発用の核燃料棒を集中させるのですか。近くの県にも原発の施設があります。そこを活用すれば、もっと早く仮の脱原発が可能になるのではないですか。

Q．石川県の志賀原発や柏崎刈羽原発が使えるじゃないですか。

A．地形的に、問題があります。その理由を説明します。

A．北海道の泊原発、東京電力の柏崎刈羽原発、石川県の志賀原発、九州の玄海原発などは、日本海側の原発となっていますが、地形的な問題があります。

A．北海道の泊原発については、千島海溝沖地震で、マグニチュード9・3の巨大地震や、日本海溝沖地震でマグニチュード9・1の地震が起き、東日本大震災の時の2倍から3倍規模の巨大津波が来たとき、泊原発エリアは確実に被ばくし、福島第一原発のようになる危険が高いからです。

A．東京電力柏崎刈羽原発と石川県の志賀原発については、ユーラシアプレートから巨大地震が発生し、同じくして巨大津波が発生した場合、両エリアは確実に被ばくし、福島第一原発のようになる危険があります。

A．最後に、九州の玄海原発は、山に囲まれている日本海側だから安全だと思われていいます。理由は、南海トラフが静岡から四国と九州の間だけの問題と思われがちだからなのですが、地質学者たちの間では、「今回の南海トラフは2000年に1度の超巨大地震の可能性が考えられる」と言われています。すなわち、静岡から四国、九州の間ではなく、静岡から沖縄までか、静岡から台湾沖までつながっている危険があります。もし、それが本当なら、玄海原発は危険な原発となります。最悪の場合、福島第一原発みたいになる危険が考えられます。

A. 原発は停止させるだけでは「脱原発」とはなりません。原発を停止させていても、原発用の核燃料棒の冷却に電力を使っているためです。想定を超える津波が来たとき、冷却システムの電源が壊れ、停止中の原発用の燃料棒だけが発熱し、燃料棒が容器の下に落下し、燃料棒が溶けてしまいます。これがメルトダウンです。メルトダウンすれば、広範囲にわたって被ばく地域が増えてしまいます。実質的な領土損失となります。

Q. それを防ぐには、与党の脱原発派の議員に頑張ってもらうしかないですね。

A. 与党にいる脱原発派の議員は、親中派または親ロ派の人々です。この人たちが言うことは「原発の電流を全て止めて、核燃料棒の保管場所を何十年間かかっても探し出す」という言葉で終わりです。そんな人たちは信用できない議員です。

Q. では、どうすればよいのですか。

A. 全国の日本国民が政治に関心を持ち、国民の声が届く国会が動いてくれるのが一番の理想ですが、そんなにうまく、ことが運ばないのが現実です。

グリーンニューディール政策の廃案化

Q. なぜグリーンニューディール政策の廃案化を進めるのですか。グリーンニューディール政策の廃案化と、トイレ付エコカーニューディール政策を推し進めてしまった場合、現在のエコカーはエコではない自動車となります。しかもトイレ付エコカーは、トイレ用の便座と個室用の壁とドアを追加装備するため、車体重量が重くなります。普通のエコカーよりも車体重量がある分、燃費が悪くなります。製造コストも増えます。それでもトイレの下の字に「エコカー」と付くのはなぜですか。「エコカー」を付けずに「トイレカー」でもよくないですか。

A. 確かに、トイレ付エコカーは普通のエコカーに比べて製造コストが高く、車体重量も重いため、燃費が悪くなってしまいます。しかし、トイレ付エコカーの「エコ」の部分を外して「トイレカー」に名称変更するのは大きな誤りです。理由は、旧来のエコカー制度を継承したトイレ付エコカーであるため、ＥＶ車または水素自動車へのシフトを推し進めていく上では「エコカー」は外せないからです。

さらにトイレ付エコカーは交通事故の発生率を下げる効果もあるため、従来のエコカーよりも進化した自動車とも言えますが、トイレ付のキャンピングカーは以前から存在していたため、古い発想をエコカーに追加した政策となります。

賃貸マンション用ＥＶスタンドニューディール政策

Ｑ．ＥＶ車（電気自動車）が全世界の主流になった場合、賃貸マンション用のＥＶスタンド設置の規模を、「ニューディール政策」を付けるくらいの規模で普及促進するのは、なぜですか。

Ａ．ＥＶ車が主流になれば、それに合わせてＥＶスタンドも普及させなければなりません。段階的に一軒家をなくし、賃貸マンションが主流となっていくためです。

Ｑ．ＥＶ車は、停止していてもバッテリーの電力を消費します。それは自宅の駐車場に置いているときも同様です。知らない間にバッテリーの残量がゼロになっている時、どのように対応するのですか。

Ａ．ＥＶ車が主流の場合、バッテリー問題は、ほぼなくなると思います。しかし残量バッテリーがゼロになった場合の対応は必要となります。業者に金銭を払い対応してもらうか、もしくは、携帯用のＥＶ車用充電器でバッテリー切れしたＥＶ車に少量充電します。ＥＶスタンドまで動かせる分だけ充電できるシステムが、開発されると思います。

Ｑ．なぜ、賃貸マンション用ＥＶスタンドの普及が都市部からではなく、地方の市町村や地方都市からスタートするのですか。

Ａ．理由は、パーキングエリアニューディール政策で土地代が安いところから、コンビニエンスストアのパーキングエリア化を推し進めることにより、都市部から段階的に地方に人々が流れていくからです。そのため、賃貸マンション建設業者と、発電装置置き場用の立体式建物の建設業者の人々が、仕事で地方へ移住していきます。

旅館・ホテル救援ニューディール政策（脱ＧｏＴｏトラベル政策）

Ｑ．なぜ潰れかけの旅館やホテルを救援するための政策として、建設作業員の宿泊施設に業務シフトさせる必要があるのですか。

Ａ．建設作業員の宿泊施設に変更することにより、潰れかけの旅館やホテルでの雇用を守り、観光産業の失業率を下げるために行う政策であるためです。

Ａ．潰れかけの旅館やホテルを救援するための政策として、建設作業員の宿泊施設に業務シフトさせる必要があるのか、について、観光産業の失業率を減らしていく上では必要不可欠な政策です。理由は、観光産業の失業率を減らしていくことは当然ですが、温度差ゼロ発電装置と磁力系発電装置置き場用の立体式建造物を造る作業員や、賃貸マンションの骨格を造る作業員、公共事業の作業員の宿泊施設も、必要となるからです。理由として、スーパーグリーンニューディール政策は地方経済活性化政策であるため、首都圏のハウスメーカーや建設会社は地方都市の方に人材を派遣しなければいけないからです。そのため、作業員の宿泊施設の確保も課題となります。しかし潰れかけの旅館やホテルを建設会社の作業員のために用意することで解決できます。地方の潰れかけの旅館やホテルは、建設会社からの収入で旅館やホテルを運営していくことになります。

潰れかけの旅館やホテルは、国や地方行政の支援なしでは雇用や経営をできない状態です。潰れかけの旅館やホテルは、ＧｏＴｏトラベル政策での救援は不可能です。理由は、ＧｏＴｏトラベル政策で儲ける旅館やホテルは、全て大手の旅館やホテルだけであるためです。

２０２２年度の日本の宿泊施設の数は、５万４９３５施設があり、そのうち部屋数は１７００万２３５１室となっています（出所：メトロエンジンリサーチ）。

Q．次に、なぜ脱ＧｏＴｏトラベルをする必要があるのかについてです。現行のＧｏＴｏトラベルは、日本政府の補助金で観光産業を活性化する政策です。コロナ禍以前に行われていたなら、航空産業を強化して、空港経済を活性化させる方が効率がよいでしょう。コロナウイルス問題が収束すれば、再度ＧｏＴｏトラベル政策を行えばよい話です。それなのに反対ですか。

A．現行のＧｏＴｏトラベルは日本政府の補助金で観光産業を活性化する政策で、コロナ禍以前で行っていたなら、航空産業を強化して空港経済を活性化させる方が効率がよいかといえば、そうとは限りません。旅行会社や大手の旅館やホテルにとってはよいかもしれませんが、潰れかけの弱小旅館やホテルにとっては雀の涙ほどの恩恵しかなく、自転車操業を続けている状態で、人員雇用もできない状態です。

そしてコロナウイルス問題については、大きな誤りで、今後さらに凶悪化してくる可能性すらあります。コロナウイルスは兵器型のウイルスであるため、抗体を持つのに時間がかかるか、または抗体自体を持つことができない場合も想定しなければなりません。最低でも20年以上続くため、航空産業自体を解体していく必要すらあります。

段階的な垂直農業推進政策

Q．段階的な垂直農業推進政策とは、どんな政策ですか。

A．今の日本の状況で推し進めることは不可能ですが、景気が回復し、雇用が安定し始めた段階から、段階的に推し進めていく必要があります。

Q．なぜですか。垂直農業（タワー農園）で作られる作物の価格は、通常の作物価格の8倍以上の費用がかかります。平地で大規模な農業化を進める方が効率よいのに行うのですか。

A．確かに、作物の価格は高騰するため、急にタワー農園推進政策はできません。そのため、実験を重ねて段階的に垂直農業化を推し進めます。災害時の非常用の食糧を確保するためです。

Q．それなら、減反政策をせずに、常に作りすぎるくらい作物を作り、残った食糧は海外に売る方が安く済みます。

A. 非常時の食糧不足のときに、食糧のストック政策は誤りではないのですが、食糧のストックが世界規模でなくなってしまう場合も想定しなければなりません。２０２０年代に起きたサバクトビバッタ事案があります（サバクトビバッタは移動性害虫の一種。世界中で深刻な農業被害をもたらしている）。日本でも起きることがあり得るため、対策が急務となっています。

Q. そんなことまで考えて政策を行うと、国家予算がいくらあっても足りなくなってきます。それでも対策は必要ですか。

A. 必要です。シンガポールや中国では、自国の食糧不足を計算しているため、垂直農業（タワー農園）に多額の投資を行っています。タワー農園投資を行っていない日本の食糧自給率は30％台なので対策も必要となります。そしてタワー農園に送る水源の確保も、重要な課題です。海水を真水に変えるナノチューブの技術推進政策も、必要不可欠となります。

Q．全世界で、タワー農園推進政策を推し進めていく必要がありますか。

A．必要です。経済が安定してきた国々から、段階的にタワー農園推進政策を推し進めていく必要があります。

Q．タワー農園政策では、タワー農園の建設費用も高額です。それに加えて、平地で作る作物よりも、かなり高額になると聞いたことがあります。私的には、8倍くらいの費用がかかると思います。それでも行っていく必要があるのですか。

A．はい、必要ですが、無理やりタワー農園化を行うのではなく、最初は小規模なタワー農園化から始めます。全世界の国々の間で、タワー農園を建設していく割合と建設物の数を決めます。そして年々、その数を増やしていきます。理由は、世界規模で平地農園で作物が取れなくなることを想定しているからです。その上で、段階的なタワー農園化政策を推し進めます。

世界規模の移民受け入れ政策

Q. 世界規模の移民受け入れ政策は、なぜ必要なのですか。

A. ロシアや中国、北朝鮮に対抗していく上で必要となるためです。

Q. なぜですか。子育て支援政策だけで対応する方がよくないですか。

A. 確かに、その通りなのですが、人口の多い都市での空港閉鎖が遅れ、大量の重病患者や死亡者が数千万人単位で出てしまった場合に備える必要があるためです。

Q. それは考えすぎです。いくら重病者や死亡者が出たとしても、最悪10万人から100万人未満ではないですか。

A. コロナウイルスは実験用の兵器ウイルスと考えています。言葉は最悪ですが、本格的な兵器型のウイルスではないため、アメリカで100万人以上の死者を出した程度で済んだだけの話です。

Q．１００万人以上の人が亡くなったことに対して「程度」という表現は、アメリカ人や全世界の人々に対しての侮辱的な内容です。

A．「言葉は最悪」と付けていました。でも本当に、ウイルス兵器のウイルスを使用される前に、対策を取る必要があります。

Q．移民の受け入れ政策と何の関係があるのですか。

A．西側諸国に加わっている国々で、経済が発展していない国から経済発展している国の方に、人口を段階的に移住させる政策を取ります。経済発展していない国々は人々を移住させる代わりに、経済発展している国々から、段階的に経済的な支援を受ける政策です。

まとめ

この本は、中国のウイルス兵器のウイルスに対抗するためには、航空会社統廃合政策が脱原発への道と同じくらい重要であることを、日本やアメリカを含めた西側諸国に知ってもらうために書きました。なぜなら、航空会社統廃合政策を、日本を含めた西側諸国が行わなかった場合、現在より2年から3年後には中国以外の国々で約9割以上の人が急死するか、重病患者になってしまう危険があるためです。

その理由は、いくらPCR検査機の精度を上げて二重三重に強化しても、PCR検査機に引っかからず、潜伏期間が2年から3年と長く、発病すればコロナ禍の時よりもはるかに致死率の高いウイルスだからです。

2年から3年後に、中国以外の国々の9割以上の人々が急死したりすると、原発を扱っている電力会社で原発を操作する人も、死亡していなくなってしまいます。運転中の原発エリアはもちろん被ばくし、停止中の原発も時間をかけて段階的に熱を持ち始めてからメルトダウンし、運転中の原発よりは被ばくする範囲は狭いかもしれませんが、危険な状態となってしまうのは言うまでもありません。この状態を防ぐには、中国政府が油断している現在、世界規模の航空会社統廃合政策と脱ＧｏＴｏトラベル政策が必要不可欠であることを、全世界の人々に知ってもらう必要があります。

航空会社統廃合政策と脱ＧｏＴｏトラベル政策、脱ＩＲ統合リゾート政策の代替政策として、建設業や製造業を中心とした15個のニューディール政策と10個の補助政策を加えた、スーパーグリーンニューディール政策を行います。

建設業や製造業での雇用が増えれば、消費も自然に増えます。それが1年以上続けば、サービス業の仕事も段階的に増えてくるため、空港関連で大量リストラになった人々の受け皿政策になります。詳しくは航空会社統廃合政策と、脱ＧｏＴｏトラベル政策、脱ＩＲ統合リゾート政策のページを再確認してください。

しかし、この本が世に出回ることにより、中国政府もスーパーグリーンニューディール政策の内容を理解してしまうため、アメリカ政府は世界規模の航空会社統廃合政策を急いで行い、銃規制問題も早期に行っていく必要があります。

おわりに

15個のニューディール政策と10個の補助政策について、お読みいただき誠にありがとうございます。

この本の目的の一つは、より多くの人たちにお読みいただき、日本の政治や世界の政治に関心を持ってもらうことです。一人ひとりに政治に関心を持ってもらい、眠っているタンス預金を投資に回していこうとする人たちを増やして、日本の雇用を回復につなげていくための本です。もし現在の政治家がロシアや中国政府の言いなりになっている場合は、株投資をやめ、政府の様子を見てから株投資を行うのも手段の一つとなります。

株投資ではなく、最新鋭の経済政策だけ知りたい人も、ぜひ、この本を読んでいただければ幸いです。この本を読んでいただいた読者様全員がお金持ちになり、幸せな人生を送れることを心より願っています。

今後10年から20年の間に、段階的に消費税の制度をなくし、30年後くらいにはデンマークのような高福祉国家になるのが理想です。しかし、高率の消費税が発生してしまうため、話の内容が矛盾しているので簡単に説明します。

現在の消費税制度は、1000万円以下の個人事業主の人々は客から預かっている消費税を国に納めずに、個人事業主がもらってよいことになっている矛盾が生じています。

それを改正するためにインボイス制度を導入するのは、誤っています。理由は、ただでさえ経済が落ち込んでいる中でインボイス制度を導入すると、1000万円以下の個人事業主の人々も消費税を納めることが必要になり、個人事業主の収入が大きく減るためです。そうなると経済が衰退していきます。日本企業の99％が中小企業であるため、日本経済への影響は深刻なものになります。

それだったら、スーパーグリーンニューディール政策の導入を機会に、段階的に消費税を減税していきます。10年後をめどに消費税制度自体をなくしてしまえば、インボイス制度の導入問題もなくなります。

しかし、移民の人々も30年から40年後頃には高齢化してしまうため、医療費なども急激に増えてきます。そのため、デンマークのような高福祉社会に変化できるように、現在から段階的に豊かな中間層を拡大することが必要不可欠であります。豊かな中間層が多い国だと、デンマークのような高福祉国家への変更がスムーズに進みます。

高福祉国家のデメリットとしては、消費税が高額なのは言うまでもありません。消費税25%なんていうのは当たり前です。しかし、残念なことに現在の日本でデンマークのような高福祉国家を目指すのは無理があります。

理由は、豊かな中間層が極端に少なく、貧困層の割合が非常に多いためです。それに加えて非正規雇用者の割合も多いのが現状です。

さらに、コロナウイルスの影響により失業者であふれ返っている現在、高福祉国家になることは不可能です。

インボイス制度についても、本来なら、消費税制度導入と同時にインボイス制度を導入しなければならなかった制度です。現在の消費税制度でインボイス制度を導入すれば、資金力のない中小企業は次々と倒産していきます。そして、中小企業に資本金を貸していた銀行も、資本金を回収できずに連鎖倒産が多発してしまうリスクしかないため、現在の消費税制度は1日も早くなくす方が日本のためとなります。

移民の方々が日本に移住してから30年後くらいに高福祉国家に移行するために、消費税制度を再度導入するとき、インボイス制度も同時に行うことを心から願います。

日本以外の先進国が、消費税を導入するとき、同時にインボイス制度も導入したように、税金の抜け道を最初からなくしている政策を日本も取るべきでした。しかし先に消費税制度を作り、後でインボイス制度を導入するとして、曖昧な対応をしてきたツケが現在に来ています。

日本や全世界の経済が回復した後も、政治には関心を持ち続けてください。政治に関心のない人たちが増えてしまうと、再び利権や汚職まみれの国会議員や地方議員が大量に現れてしまいます。そして再び、今日の日本と同じ状態となってしまう危険があるため、国民の監視は重要となってきます。

私もこの本を書き終えて販売した後、いつの日か殺されるかもしれません。しかし、どうせロシアや中国の植民地国家になるくらいなら、できることは全てやろうと思いこの本を書きました。１人でも多くの人にこの本を読んでいただくことを心より願います。

文田文人

本作品は著者の見解に基づく書であり、特定の国、場所、企業、団体、人物等を誹謗中傷するものではありません。

［著者紹介］
文田 文人（ふみた ふみひと）

スーパーグリーンニューディール政策概論《せいさくがいろん》

2023年9月14日　第1刷発行

著　者　　文田文人
発行人　　久保田貴幸

発行元　　株式会社 幻冬舎メディアコンサルティング
〒151-0051　東京都渋谷区千駄ヶ谷4-9-7
電話　03-5411-6440（編集）

発売元　　株式会社 幻冬舎
〒151-0051　東京都渋谷区千駄ヶ谷4-9-7
電話　03-5411-6222（営業）

印刷・製本　中央精版印刷株式会社
装　丁　　弓田和則

検印廃止

ISBN 978-4-344-94586-9 C0095
幻冬舎メディアコンサルティングHP
https://www.gentosha-mc.com/